3 小时读懂你身边的微生物

［日］左卷健男 编著　吴洁 译

北京时代华文书局

图书在版编目（CIP）数据

3 小时读懂你身边的微生物 ／（日）左卷健男编著；吴洁译 . — 北京：北京时代华文书局，2022.6

ISBN 978-7-5699-4580-5

Ⅰ . ①3… Ⅱ . ①左… ②吴… Ⅲ . ①微生物－普及读物 Ⅳ . ① Q939-49

中国版本图书馆 CIP 数据核字（2022）第 048192 号

北京市版权局著作权合同登记号 图字：01-2021-4382

3 小 时 读 懂 你 身 边 的 微 生 物
3 XIAOSHI DUDONG NI SHENBIAN DE WEISHENGWU

编 著 者｜［日］左卷健男
译　　者｜吴　洁

出 版 人｜陈　涛
策划编辑｜邢　楠
责任编辑｜邢　楠
执行编辑｜苗馨元
责任校对｜凤宝莲
装帧设计｜孙丽莉　段文辉
责任印制｜訾　敬

出版发行｜北京时代华文书局 http://www.bjsdsj.com.cn
　　　　　北京市东城区安定门外大街 138 号皇城国际大厦 A 座 8 层
　　　　　邮编：100011　电话：010-64263661　64261528
印　　刷｜三河市航远印刷有限公司　　电话：0316-3136836
　　　　　（如发现印装质量问题，请与印刷厂联系调换）
开　　本｜880 mm×1230 mm　1/32　　印　张｜7　字　数｜175 千字
版　　次｜2022 年 8 月第 1 版　　印　次｜2022 年 8 月第 1 次印刷
成品尺寸｜145 mm×210 mm
定　　价｜42.80 元

写给读者

　　我希望这本书的读者是这样的：想了解环绕在我们身边的微生物，希望了解一些人与微生物的关系中有用、有趣的知识，而不是想要单纯的图鉴讲解。

　　细菌、真菌和病毒等微小的生命体，有些可以直接用肉眼进行观察，但是大部分都需要使用显微镜甚至是高倍电子显微镜来观察，才能看到它们的真容。

　　一听到"微生物"这个词，有的人会很容易想到"有害菌、霉菌和病毒"，并且联想到它们可能会引起食物中毒和传染病，于是就认为微生物是"恐怖的"、是"令人毛骨悚然的"。虽然人与微生物之间存在这样一种关系——有的微生物会给人带来食物中毒和传染病（这一点不可否认），但是人与微生物的关系远非如此。

　　在自然界中，微生物可以分解有机物，让我们居住的地球一直保持美丽。可以说如果没有微生物，自然界的生态系统就无法维系。正是因为有了活跃的微生物，许多可口的食物和饮料才能被制造出来，人们才能开发出杀死致病细菌的抗生素。

　　目前人类还没有完全掌握微生物世界的全貌。有时候我们在影视作品中会看到这样一幕：人们为了研究微生物，先用棉签擦拭法取样，然后将其放入培养基中进行培养，最终通过观察培养基上出现的菌落来确认某种微生物的存在。但是用这种方法能观察到的只不过是所提取的微生物的很小一部分。而且人类提取了泥土中的微生物之后，也未必能成功培养出其中百分之一的细菌。

现在又出现一种将提取的微生物DNA大量复制后，再用新一代测序仪进行分析的方法。通过这种方法，人们发现寄生在我们体内的微生物种类和数量相差很大，与构成人体的大约 37 万亿个细胞相比，我们体内的微生物数量要多得多。

本书在介绍微生物时，并不是着眼于数量，而是聚焦于个例的展开，希望这本书能够为大家开启通向微生物世界的一扇门。

左卷健男

2019 年 1 月

目 录

本书中登场的部分重要微生物（并不是全部）   001

第一章 微生物到底是什么样的生物

01 微生物都有哪些   002

02 霉菌、酵母菌和蕈菌的区别是什么   006

03 病毒是"生物"还是"非生物"呢   009

04 最先发现微生物的是一个普通居民吗   013

05 生物的祖先——原核生物和真核生物，到底是什么   016

06 人与微生物是共存关系吗   019

07 生命是如何诞生的   022

第二章 与人共同生活的"正常菌群"

08 我们身体中的"正常菌群"是什么   026

09 为什么未满 1 岁的婴儿不能吃蜂蜜   028

10 痤疮是怎么形成的   030

11 体味是如何产生的   033

12 过度清洁不利于皮肤健康   037

13 抗菌产品真的对身体有益吗   040

14 龋齿和牙周病可能会引发大病吗   044

15 "肠道花圃"是什么 047

16 我们印象中有益健康的乳酸菌和双尾菌是什么 051

17 肠道菌群在做什么 054

18 憋着的屁去了哪里 057

19 通过粪便的颜色和形状就可以进行健康自检 062

第三章　制作出美味食物的微生物

20 "发酵"和"腐败"的区别是什么 070

21 日本酒的制造方法和啤酒以及红酒有什么不同 072

22 美味的味噌和霉菌有什么关系 075

23 淡口酱油其实含盐量最高 078

24 面包和松饼有哪些不同 081

25 啤酒的气泡是微生物呼吸产生的吗 084

26 葡萄酒是怎么酿出来的 086

27 醋酸菌的舞台不仅是餐桌还有尖端科技 088

28 鲣鱼节散发的香气和香味都归功于微生物吗 090

29 为什么酸奶又酸又黏 093

30 发酵黄油并不是让黄油发酵吗 095

31 各种奶酪有什么不同 097

32 渍菜中蕴含了蔬菜储存的智慧吗 100

33 美味的泡菜是乳酸菌制成的吗 103

34 纳豆的鲜味和黏性是怎么产生的   105

35 日本人发现的"鲜味"到底是什么   108

第四章   作为分解者的微生物

36 微生物在堆肥中发挥着什么作用   112

37 下水处理和微生物的关系   116

38 自来水净化和微生物有什么关系   119

39 转基因和微生物的关系   122

40 微生物能降解的塑料是什么   125

41 抗生素是什么   127

第五章   引起食物中毒的微生物

42 到底什么是食物中毒   132

43 赤手捏饭团居然是危险行为——金黄色葡萄球菌   134

44 自然界中最强的毒素——肉毒杆菌毒素   137

45 为什么日本以外的人不太喜欢生吃海鲜——副溶血弧菌   139

46 为什么日本人能吃生鸡蛋——沙门氏菌   142

47 为什么鸡肉一定要烧熟——弯曲菌   146

48 感染途径尚不明确的"病原性大肠杆菌"   149

49 酒精消毒杀不死的诺如病毒   152

50 病毒性胃肠炎中症状最严重的一种——轮状病毒　　155

51 新鲜的食品也会导致感染——甲型和戊型肝炎病毒　　157

52 自来水导致的食物中毒——隐孢子虫　　159

53 仅靠外表与味道无法辨别的毒素——贝毒和雪卡毒素　　161

54 制造出最强的致癌物质——霉菌毒素　　164

第6章　导致疾病的微生物

55 感冒和流感的区别在哪里　　168

56 现在每年都有数百万人因此丧命——结核杆菌　　172

57 证明了基因说——肺炎球菌　　176

58 女性感染之后，可能会生出先天不足的孩子——风疹病毒　　180

59 造成欧洲中世纪将近三成人死亡——鼠疫杆菌　　182

60 影响到了人类的进化——疟原虫　　184

61 空调可能导致人死亡——军团菌　　187

62 通过药物治疗可以延长生存年限——人类免疫缺陷病毒（HIV）　　191

63 通过防止母婴传播可以减少病毒携带者——乙肝病毒　　195

64 世界上半数人口被感染——幽门螺旋杆菌　　198

65 相同的病毒可能引起不同的疾病——水痘带状疱疹病毒　　200

66 人与动物都会感染的病毒——包虫和狂犬病毒　　202

执笔人　　205

本书中登场的部分重要微生物（并不是全部）

快来找一找它们都藏在哪一章

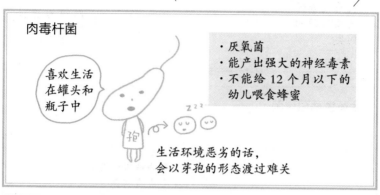

肉毒杆菌

喜欢生活
在罐头和
瓶子中

·厌氧菌
·能产出强大的神经毒素
·不能给 12 个月以下的
 幼儿喂食蜂蜜

生活环境恶劣的话，
会以芽孢的形态渡过难关

痤疮杆菌

生活在大家的
皮肤中

可以造成痤疮

·毛孔中的正常菌群
·分为有益菌和有害菌

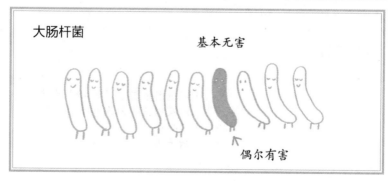

大肠杆菌

基本无害

偶尔有害

双尾菌　乳酸菌　　变形链球菌

我看起来像是放线菌的同类

哼!

以糖为原料制造牙斑

金黄色葡萄球菌

· 耐热
· 甚至无法被胃酸分解
· 对抗生素有耐药性

肠炎弧菌

· 不耐热
· 淡水中无法存活
· 增殖速度快

沙门氏菌

· 以蛋类和鸡、牛、猪等肉类，以及猫狗等宠物为传播媒介
· 不耐热
· 耐干燥

弯曲菌

· 不耐热
· 5—7 月为多发季
· 增殖速度慢

病原性大肠杆菌O157

· 潜伏期长
· 致病性强
· 不耐热

诺如病毒

· 10~100 个病毒即可造成感染
· 不耐热
· 酒精消毒无效

轮状病毒

· 10~100 个病毒即可造成感染
· 已经研发出疫苗
· 酒精消毒有效

甲型和戊型肝炎病毒

水产动物体内富集

野生动物体内富集

· 不耐热
· 小心不卫生的水

隐孢子虫

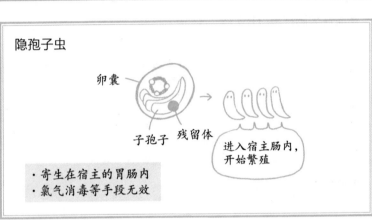

卵囊

子孢子　残留体

进入宿主肠内，开始繁殖

· 寄生在宿主的胃肠内
· 氯气消毒等手段无效

流感病毒

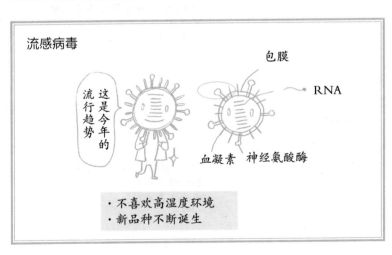

包膜

RNA

这是今年的流行趋势

血凝素　神经氨酸酶

· 不喜欢高湿度环境
· 新品种不断诞生

结核菌

- 现在仍然有许多人因此感染和死亡
- 增殖速度慢

肺炎球菌

- 成双排列的球菌
- 儿童感染后容易发展成重症

风疹病毒

- 感染后轻症的病例比较多
- 妊娠期感染可能造成婴儿先天性残疾

鼠疫杆菌

- 通过携带病菌的跳蚤传播
- 如果不尽早治疗可能会导致死亡

疟原虫

- 以携带病菌的蚊子为传播媒介
- 部分人体内有抗体

军团菌

- 随处可见，但是数量不多
- 寄生在阿米巴变形虫体内并进行繁殖

水痘带状疱疹病毒

- 大多数患者在轻症阶段即可治愈
- 治愈后仍然会潜伏在神经细胞内，可能复发

乙型肝炎病毒

- 感染后可能诱发肝癌等疾病
- 通过预防母婴传播，新增携带者人数不断减少

人类免疫缺陷病毒

- 被称为世界上三大传染病之一
- 随着医疗技术的发展，死亡率正在逐步下降

幽门螺旋杆菌

- 即使在胃酸中也能存活
- 存在于全球一半人口的胃里

包虫

- 以犬科动物为最终宿主
- 如果接触了狐狸及其粪便，或者吃了被污染的野菜，就可能会导致感染

虫卵

成虫

幼虫

狂犬病毒

- 存在于哺乳动物的唾液中
- 致死率几乎为 100%

第一章

微生物到底是什么样的生物

01 微生物都有哪些

> 我们把肉眼不可见的微小生物叫作"微生物"。微生物主要包括细菌、真菌和病毒。它们分别都有什么特征，各自又发挥着什么样的作用呢?

◎病毒小到不可思议

微生物是"肉眼不可见的微小生物"的统称，包括细菌、真菌（如霉菌、酵母菌、蕈菌）和病毒等。

普通光学显微镜最大放大倍率为 1000 倍，如果进一步放大，图像就会模糊。但是，即使我们使用光学显微镜放大 1000 倍观察，能看到的细菌也只有区区几毫米，这是因为细菌原本只有 1 ~ 5 微米①大小。

引起感冒或其他疾病的病毒比细菌更小，如果不用电子显微镜根本无法进行观察。它的个头只有细菌的十分之一到百分之一，为 20 ~ 1000 纳米。

---

① 1微米（μm）等于1毫米（mm）的千分之一，1纳米（nm）等于1毫米（mm）的100万分之一，葡萄球菌和链球菌的直径为11微米。

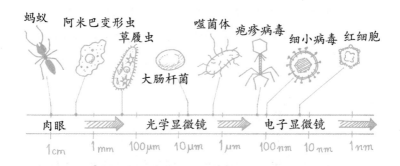

蚂蚁与微生物大小比较

◎中学理科学了哪些微生物知识

有些中学理科课程中的"生物与生态系统"一章是这样介绍微生物的：

微生物是以动植物的尸体等有机物，也就是以构成生物体的碳水化合物、蛋白质及脂肪等含碳物质为养分，将其摄入体内并进行分解的生物。

在生态系统中，通过光合作用制造养分的植物等属于生产者，草食动物和肉食动物是消费者，蚯蚓等土壤动物和真菌、细菌等则扮演着分解者的角色。真菌包括霉菌和蕈菌等，个体多由名为菌丝的丝状物构成，并且通过孢子进行繁殖。

乳酸菌、大肠杆菌和它们的同类都属于细菌，是一种个体非常微小的单细胞生物，通过分裂进行繁殖。细菌中的结核菌等能造成感染病，这些细菌被称为病原性细菌，属于病原体的一种。

微生物中的很多真菌和细菌都对人类有益，比如可以利用细菌和真菌分解有机物的能力，来制作面包和酸奶等食品。

◎细菌和真菌的区别

细菌全部是由单个细胞构成，大部分为球状的球菌或杆状的杆菌，此外还有弯弯曲曲的螺旋菌。细菌通过分裂进行繁殖，一个细菌从中间分裂，就能变成两个完全相同的个体。细菌的个体比真菌更小，中心没有成形的细胞核。

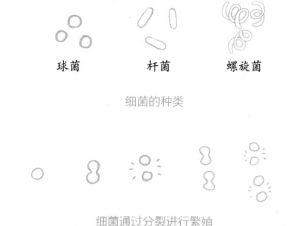

球菌　　　　　杆菌　　　　螺旋菌

细菌的种类

细菌通过分裂进行繁殖

以霉菌为例，真菌的繁殖过程可分为：

1.孢子在适宜的生长环境下萌发

2.前端伸出，形成第一根菌丝

3.第一根菌丝不断分化，呈放射状向四周伸长

4.分化的菌丝顶端再次产生孢子

5.孢子飘散，继续传播

霉菌孕育孢子的器官是子实体，菌丝体和子实体合在一起，就形成了霉菌的菌落。霉菌的细胞内不仅有细胞核还有线粒体，结构与动植物的细胞基本相同，因此要比细菌的结构更复杂。

霉菌和蕈菌的不同点在于孕育孢子的子实体是否肉眼可见。蕈菌的子实体肉眼可见，但是霉菌的子实体则小到无法直接用肉眼观察。

◎微小且简单的病毒结构

病毒无法独立生存，因为病毒体内没有蛋白质的加工厂，所以病毒必须感染活细胞之后，利用宿主细胞的蛋白质加工厂才能生存下去。病毒的结构非常简单，仅有核酸（DNA或RNA）和包裹核酸的蛋白质衣壳两部分。

在自然界中，病毒是不可思议的存在。因为病毒没有细胞结构，所以可以说它不属于生物；但同时病毒含有遗传物质，能够留下后代，所以又可以将其看作是生物。

衣壳

正十二面体

螺旋对称

被包膜包裹的病毒

病毒结构

霉菌、酵母菌和蕈菌中，霉菌的数量占据了压倒性的优势。整体来看，霉菌也占据了微生物中很大一部分。霉菌的孢子一旦发芽，就会在短短数日内快速生长并向周围扩散。

◎细菌和霉菌、酵母菌以及蕈菌的区别

从个头上来看，霉菌、酵母菌和蕈菌的体积更大，细菌中的球菌约为1微米，酵母菌则在5微米左右（长5~8微米、宽4~6微米）。霉菌、酵母菌和蕈菌的内部有核膜包裹的细胞核、线粒体和内质网。但是细菌的细胞中没有成形的细胞核，一般来说只有一条染色体，而且没有线粒体和内质网[1]。

从细胞结构来看，与细菌相比，霉菌、酵母菌和蕈菌的细胞与人体的细胞更为相似。

由于霉菌和蕈菌明显区别于活跃的动物，所以曾经一度被归为植物类。但是霉菌和蕈菌等真菌，主要通过分解和吸收动植物的遗体来获取生存所需的能量，因此既不能被划进能够自己制造养分的植物类，也不能被划进以动植物等有机物为食的动物类。

---

[1] 内质网是细胞质中呈网状展开的膜系统，与细胞核的外膜相连接。因为本身非常小，所以无法用光学显微镜观察。

◎有性繁殖和无性繁殖

生物的繁殖方式大体可以分为有性繁殖和无性繁殖两种。有性繁殖指的是像动植物一样经由受精过程孕育新个体的繁殖方式。而无性繁殖则是由母体中独立出来的一部分直接形成新个体的繁殖方式，比如通过压条或叶芽扦插、分根或扦插（营养繁殖）等发育新个体。通过无性繁殖，我们能制造出和母本完全相同的克隆体[①]。有性繁殖和无性繁殖哪种方式更为有利，这并不能一概而论。如果要在短时间内快速增加同类个体数量，那么无性繁殖就占据了绝对优势。因为无性繁殖可以省去寻找交配对象这一环节，仅凭母本一己之力就可以不断繁殖。但是由于所有个体的基因都是相同的，一旦出现意外，就可能引起个体数量骤减。

与之相对，有性繁殖产生的后代基因更为多样，可以适应各种各样的环境。所以如果从物种多样性的角度来看，还是有性繁殖更具优势。但是至今为止，那些无性繁殖的物种也并没有灭绝，所以今后这两种生殖方式也会并存。

细菌通过分裂进行繁殖，所以也属于无性繁殖。霉菌、酵母菌以及蕈菌的繁殖方式几乎都是无性繁殖。但是霉菌、酵母菌和蕈菌原本就有性别之分，所以有时也会因为生长环境的改变进行有性繁殖。通常来说，适宜的环境条件下，它们会进行无性繁殖，而在环境条件不适宜时，它们才会进行有性繁殖。

我们平常见到的孢子大多都是无性孢子，有性孢子则需要通过雌株和雄株的交配产生。

---

① 克隆体指的是通过营养繁殖产生的后代个体，这些后代和母体的基因序列完全相同。

◎霉菌、蕈菌利用孢子繁殖

一般来说，霉菌和蕈菌利用孢子进行繁殖。孢子发芽后就会形成细细的丝状体，这就是菌丝。

从外观上看，霉菌和蕈菌是完全不同的种类，但是二者的区别也仅在于是否形成肉眼可见的子实体。二者的菌体都是由菌丝构成的，蕈菌形成子实体前，菌体也由类似霉菌的网状菌丝体构成。

另外一些蕈菌的个体极小，有时会让人纠结到底小到什么程度才能称之为霉菌。但目前二者的分界线尚并不明确。

孢子　　　　从孢子中长出菌丝　　　新生孢子在菌丝顶端
　　　　　　　　　　　　　　　　　　形成后，向外飘散

霉菌的一生

◎酵母菌通过出芽或分裂进行繁殖

酵母菌的细胞不会形成菌丝状的结构，它通过"出芽生殖"或"分裂生殖"进行繁殖。酵母菌数量不断增加，就会使原本分散的细胞聚集起来，形成一个具有黏性的球状的细胞集合。但是和念珠菌一样，如果生长环境发生变化，酵母菌内部也会产生类似霉菌的丝状物。尽管如此，由于酵母菌广泛应用于发酵等诸多方面[1]，所以人们还是将其与霉菌区分了开来。

---

① 例如啤酒、清酒、红酒、味噌、酱油、面包等发酵食品，都是因为有酵母发挥作用才能制作出来。

03 病毒是"生物"还是"非生物"呢

> 虽然病毒个头非常小，但是长期以来，它都凭借强大的传染性，在世界上横行霸道。病毒是一个非常神奇的存在，尽管它没有细胞结构，但拥有遗传基因，可以繁衍后代。

◎病毒不具有细胞结构

在我们的生活中，病毒导致的疾病有流感、感冒等许多种。有的疾病是由细菌引起的，这些细菌属于生物的范围。细菌等生命体具有细胞结构，可以明确地称为"生物"，但是病毒不具备细胞的构造。

病毒由蛋白质外壳和其内部的遗传物质——核酸（DNA或RNA）构成。病毒因为不具备细胞的构造，所以无法独立完成增殖，这也是病毒被划为非生物范围的原因。

但是由于携带了遗传物质，所以感染细胞后，病毒就可以利用细胞的代谢系统来进行增殖，因此有一部分研究者就把病毒当作微生物来进行研究。在本书中，也将病毒作为微生物来介绍。

◎病毒小到无法用光学显微镜观察

病毒的大小为 20～1000 纳米，相比之下，细菌有 1～5 微米，所以它的个头比细菌小得多。病毒的个头非常小，基本都在300纳米以下，因此不使用高倍电子显微镜就无法对病毒进行观察。

◎病原体的外形很美

病毒粒子大多由其内部中心的核酸和包裹核酸的蛋白质外壳（衣壳）构成。有的病毒还具有包膜这一结构。根据包膜和衣壳的不同，病毒呈现的形态也各不相同。

最常见的一种多面体衣壳是正二十面体，如果将每一个棱角都磨平，就会形成一个截角二十面体的病毒足球。

另外，有一种叫作"T4噬菌体"的病毒，它的形状更为奇特。它的身体是一个正二十面体，身体下方是管状的尾部，形似6条腿。病毒在细胞上着陆之后，就会收缩尾部并将长管插进细胞中，然后把身体中的核酸注入细胞。

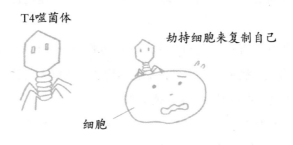

T4噬菌体

劫持细胞来复制自己

细胞

◎病毒感染

病毒就游走在我们身边，但是不等于人一定会感染病毒。只有病毒黏附在细胞上，并侵入细胞时，人才会感染。病毒不具备细胞结构，只靠自己无法完成复制，所以为了进行增殖就必须进入其他的生物细胞内，这个过程就是病毒感染。

　　既然要侵入生物体，就必然要有一个入口。人体表面的皮肤、呼吸器官、感觉器官、生殖器、肛门和尿道都可能是病毒入侵的入口。成功入侵人体的病毒会立即开始增殖，当复制出无数相同的个体后，病毒就会从细胞中逃逸出来。此外，每种病毒喜欢的生存环境各不相同，当这些病毒找到自己适合的环境后，无一例外都会开始大量增殖。

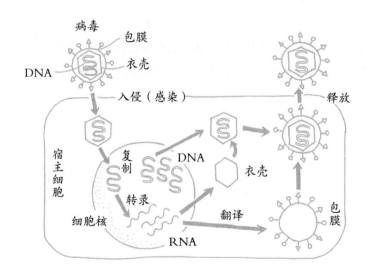

病毒的增殖方式

　　当然，被劫持的宿主细胞最终难逃死亡的厄运[1]。一旦死亡的

细胞过多，身体组织就会受到重创，人就会生病。而且病毒产生的大量子代病毒，从细胞中脱离出来之后，又会感染其他细胞，并不断地重复这一感染过程。

◎寄生在细胞中的噬菌体

有些病毒会感染细菌，这些能感染细菌的病毒统称为噬菌体。它的名称来源于希腊语，意为"吞噬细菌之物"。

噬菌体对宿主细胞的选择非常严格，并且它只会杀死特定的目标病原菌，所以不会像抗生素一样让细菌产生耐药性。因此，人类现在的研究方向就有使用噬菌体来制造战胜病原菌的抗菌药，还有将抗生素无法杀灭的炭疽菌等细菌制成的细菌武器无毒化等。

04 最先发现微生物的是一个普通居民吗

想观察微生物的世界，就必须先进入微生物世界的大门。但是最初微生物并不是由科学家发现的，那么到底是从事什么工作的人注意到了微生物的世界呢？

◎一个做纺织品生意的普通市民

20 岁的列文虎克原本只是荷兰一个普通的纺织品商人。刚开始他只是利用放大镜来对纤维进行质量控制，经过不懈努力，他最终用玻璃球磨出的透镜制造出了显微镜。但是不像现在，显微镜上会组合使用多个透镜，当时显微镜上只有一个透镜，他就通过这一层透镜打开了多彩世界的大门。当然，在他之前也有很多人使用同样的方法观察过世界，但是他的显微镜的精度更高，倍数也更高，甚至能达到 250 倍。

◎观察水中世界

列文虎克在积极观察身边事物的同时，也去观察了湖水，结果在湖水中发现了会动的物体。可能这只是一种浮游生物，但是在 17 世纪，这已经是一个非常了不起的发现了。

17 世纪的化学已经有了较大的发展，炼金术盛行，人们已经能从各种矿石中提炼出金和银。列文虎克通过观察血液发现了血细胞，后来又发现了精子，之后还偶然在唾液中发现了口腔中的细菌。因为记录下来了这些观察结果，列文虎克因此也被称为"微生物学之父"。

使用显微镜发现了血细胞、精子和口腔内的细菌等

列文虎克

◎时隔多年的跨越式发展

尽管人们知道微生物就在自己身边，但是直到 19 世纪后半期，微生物才被当成一门学问得到人们关注。

其中贡献最大的一个人就是法国的路易·巴斯德。他否定了当时得到人们广泛认可的"自然发生说"，这一学说主张就算没有母体，生物也能从无生命物质中自然发生。

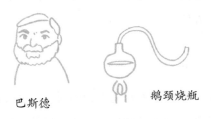

巴斯德   鹅颈烧瓶

著名的鹅颈烧瓶实验中，巴斯德首先给烧瓶内注入了有机物的水溶液，并将烧瓶的瓶颈烧制成了长长的弯曲的鹅颈状，结果烧瓶中并没有产生微生物。但是将瓶颈沿根部折断后，烧瓶中立刻出现了微生物，溶液也开始腐败变质。

　　另一个做出巨大贡献的人是德国的科赫，他发现了炭疽菌、结核菌以及霍乱弧菌。他还发明了培养皿和培养基，奠定了人工培养细菌的基础。

发现了炭疽菌、结核菌和霍乱弧菌

科赫

　　而为他们的快速成长提供土壤的，正是通过显微镜观察发现了微生物存在的列文虎克。

05 生物的祖先——原核生物和真核生物，到底是什么

只有一个细胞构成的生物叫作单细胞生物。这些生物体的运动、消化和繁殖等所有活动，全部都在一个细胞内完成。

◎两界说与五界说

过去生物分为"动物界"和"植物界"两界。所有能自主活动、自主捕食的生物都属于动物界，动物界以外的生物都属于植物界。因为生物的划分只有"动物界"和"植物界"两界，所以称为两界说。这一认知一直延续到了 20 世纪中期。

随后"五界说"①成了主流，这一学说主张生物界可以分为：1.自行捕食的动物界；2.能进行光合作用的植物界；3.吸收养分生活的霉菌和蕈菌等为代表的真菌界；4.单细胞生物（如绿虫藻、阿米巴变形虫等）且细胞核由核膜包裹的原生生物界；5.没有核膜的细菌和蓝藻等为代表的原核生物界。

以往的教科书中，通常把海带和裙带菜等藻类当作植物来看。但是现在书上普遍改为"藻类不是植物"。

---

① 近年来，"五界说"得到了修改，生物被分成三大领域，即动物界、植物界和微生物界，但是这一学说基本上和五界说是重合的。

◎原核生物是地球上生物的祖先

生物诞生之初的 30 亿年中，地球上一直只有单细胞生物。当时的细胞构造与我们现在的细胞并不相同。

最初，细胞中并没有将遗传物质DNA收拢在一起的成形细胞核，遗传物质分散在细胞中，这就是原核细胞。由原核细胞构成的生物就是原核生物。而像人类细胞这样，细胞核被核膜包裹着的细胞，就是真核细胞。

原核细胞构成的生物一直维持着最初的单纯构造生活到了今天。本书多次提到的乳酸菌就是原核生物。除此之外，原核生物还有造成肺炎的肺炎球菌、肺炎杆菌以及蓝藻等。最高生长温度极高的嗜热菌和超嗜热菌能在十分严苛的环境中生存，有的甚至能在将近 200 ℃ 的环境中存活。

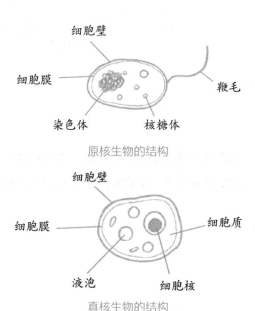

原核生物的结构

真核生物的结构

◎真核生物是怎么诞生的

向前追溯 21 亿年，原核生物的细胞内不仅出现了细胞膜，还形成了被核膜包裹的成形细胞核，从此出现了真核细胞。现在普遍认为原始的好氧菌进入细胞后形成了线粒体，原始的蓝藻进入细胞内形成了叶绿体。

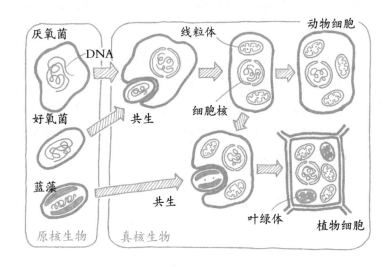

从原核生物到真核生物

就这样，如果要追溯我们人类的来源，首先可以追溯到 21 亿年前的真核生物，还可以进一步追溯到更久之前的原核生物。

06 人与微生物是共存关系吗

> 可以说微生物遍布于这个世界的各个角落。我们的身体中和我们居住的环境中都分布着各种各样的无数微生物，它们与我们人类共同生活在这个地球上。

◎遍布地球的细菌

细菌广泛分布在地球上。我们和动物的体内、土壤中、水中、灰尘中、位于地面上空 8000 米的大气圈、水深超过 1 万米的海底、南极的冰盖、热液矿床，以及海底向下 2000 米左右的地壳中，甚至动植物无法生存的地方，都有细菌的身影。

目前已知的细菌大约有 7000 种，如果将未发现的细菌计入其中，数量能超过 100 万种。

细菌大体可以分为离开氧气就无法繁殖的好氧菌、有氧气就无法繁殖的厌氧菌，以及无论是否有氧气都可以进行繁殖的兼性菌。

◎霉菌、酵母菌和蕈菌也广泛分布于自然界中

目前已知的霉菌、酵母菌和蕈菌总共有 9.1 万多种，而未知的霉菌、酵母菌和蕈菌的种类是其 10 ~ 20 倍。其中大部分都广泛分布于自然界的土壤中、水中、动植物尸体中。从赤道到两极，无论什么地方，空气中都飘浮着霉菌的孢子。

◎徘徊在我们身边的病毒

病毒寄生在细胞中才能生存，被病毒寄生的细胞就是病毒的宿主，寄生的病毒被称为寄生客。

来源于动物、植物、细菌、蕈菌和细胞的病毒，几乎能寄生在所有生物体内。这些病毒如果寄生在人体内，就会引发流感、感冒、腮腺炎、咽结膜炎、麻疹、手足口病、传染性红斑、风疹、疱疹等常见疾病。

包括亚种在内，目前有明确认知的病毒已经超过了 5000 万种，其中有数百种会导致人感染。

◎微生物的数量

那么世界上到底有多少种微生物呢？举例来说，每毫升的沿岸海水中有数十万个微生物，每毫升的河水中则含有数百万个微生物，而每克的水田土壤中细菌的数量有数十亿个。所以说，一挖耳勺左右的泥土中就有 1000 万个微生物，一滴海水中也有大约 1 万个微生物。

根据日本花王公司的调查显示，每克起居室的灰尘中大约含有 260 万个细菌。另外，根据美国科罗拉多大学研究人员的调查显示（2015 年的ZME科学杂志），家庭灰尘中生活着 9000 多种细菌和真菌。配合调查的 1200 多个家庭，各自在自己家中不常打扫的区域采集了灰尘样本送到大学，同时附送了家庭成员数量、年龄、生活习惯以及是否饲养宠物等家庭情况信息，最终得出如下研究结果：

每个美国家庭中平均都生活着 9000 多种细菌和真菌，不过基本上都是无害的。一些菌类可以明确显示出房屋内仅有男性或仅有女性居住，因为仅有女性居住的房屋中某些细菌明显更多，反之亦然。饲养猫狗等宠物的家庭中，菌落的种类和数量有明显的特征。研究者通过这些特征判断家中养猫或养狗的准确度分别达到了 83% 和 92%。

　　研究人员表示，大家不用害怕家中的微生物，虽然它们生活在我们的周围，附着在皮肤上、散落在房间里，但是它们大多对我们都是无害的。

07 生命是如何诞生的

地球诞生于 46 亿年前，生命大约诞生于 40 亿年前。最初的生命体从氢气和硫化氢中汲取能量，之后的大约 30 亿年间，地球上都只有单细胞生物。

◎最初的生物诞生于哪里

19 世纪后半期，法国化学家和微生物学家路易·巴斯德证明了"所有的生物都是由其母体繁衍产生的，而绝不可能自然发生"。在那之前，包括一些科学家在内，人们广泛认为至少某些微生物能从土壤、水等物质中"自然发生"。"自然发生说"被否定之后，摆在人们面前最大的问题就变为了——最初的生物到底是如何诞生的？

19 世纪 20 年代，苏联化学家亚历山大·奥帕林提出了化学进化说这一生命起源学说。他认为原始地球上的大海溶解了有机物形成了"原始汤"，有机物不断在原始汤中反复进行化学反应，之后变得越来越复杂，并且逐渐进化成了能和其他有机物相互作用的组织，并最终形成了生命体。

但是，就算形成了蛋白质和核酸等组件，之后经过了怎样的变化才形成了生命体，现在仍然是未解之谜，科学家们仍在继续探索。

◎生物诞生于 40 亿年之前

在格陵兰岛的伊苏阿地区，裸露着大量 38 亿年前形成的岩石，在这里可以找到生物生存过的化学痕迹。

另外，在西澳大利亚发现的化石中，还可以找到 35 亿年前生物的身影。虽然说只是一些用显微镜才能看见的细小的细菌微化石，但这已经是现存的最具说服力、最古老的化石。

从这些痕迹中，我们可以发现地球上的生物诞生于大约 40 亿年前。最初诞生的生物是单细胞生物，结构非常简单。

◎可以进行光合作用的蓝藻诞生

单细胞生物诞生之后，微生物经过了漫长的进化过程。

约 27 亿年前，诞生了使地球环境发生巨变的微生物——能够进行光合作用的蓝藻。蓝藻和现在陆地上的植物一样，在光的作用下，以二氧化碳和水为原料，合成有机物，并释放出氧气。蓝藻自诞生之日起，就一直持续地在水中释放氧气泡，并最终改变了地球上大气的成分，使得氮气和氧气成为大气的主要成分。

◎大约 10 亿年前，地球上诞生了多细胞生物

大约 10 亿年前，由多个细胞构成的多细胞生物诞生。在这之前，地球上只有单细胞生物，它们以微生物的形态在海洋中生活长达 30 亿年。

约 4 亿 5000 万年前，植物登上陆地。在此之前的很长时间，地球上的陆地与水星、金星和月球一样，都是被岩石和沙砾覆盖的"死寂世界"。

那么为什么长达30亿年的时间中，生物都没能登上陆地呢？原因之一在于太阳中含有强烈的紫外线，紫外线会破坏生物的DNA，DNA一旦被破坏，生物就无法继续生存下去。

在水中进行光合作用的蓝藻制造出来的氧气，一部分在大气层中形成了能够吸收紫外线的臭氧层。对地球生物来说，在大气的臭氧层厚到足以吸收绝大多数来自太阳的强烈紫外线之前，陆地都是恐怖的死亡之地。

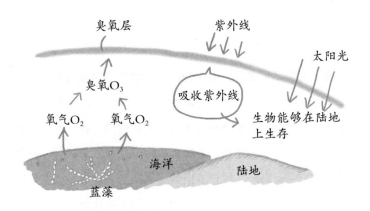

第二章

与人共同生活的
"正常菌群"

08 我们身体中的"正常菌群"是什么

> 人类在母亲体内时处于无菌状态，但是从出生的那一瞬间开始，人和菌就要纠缠一生。特别是人的皮肤上和消化道内，定居着各种各样的细菌和霉菌。

◎人与细菌的相遇

人类第一次遇见细菌是出生的时候。通过母亲的产道时，我们会接触并感染细菌[1]。在成长的过程中，我们也会不断地与外界的各种菌相遇，并且与无数不同的正常菌群相伴生活。

◎人体中充满各种细菌和霉菌

我们把存在于人体中的细菌和霉菌称为"正常菌群"。虽然身体不同位置的菌群种类和数量大不相同，但是每个部位的菌群种类基本是固定的。其中拥有菌群种类最多的是包括大肠等在内的消化道，有 60~100 种，总数量约为 100 万亿个。此外，我们的口腔和皮肤也存在不同数量的各种菌，口腔中约有 100 亿个，皮

---

[1] 母亲身体中正常菌群的一部分，会附着在婴儿的口鼻和肛门上。当婴儿的头从产道中露出时，由于产道口和肛门距离非常近，肛门上残留的粪便会让婴儿吸入母亲的肠内细菌。而产房的空气中，也可能有医师、助产士、护士和陪护人员等的肠内细菌飘浮，婴儿呼吸时会一并吸入体内。

肤上约有 1 万亿个。不同人身上的菌群种类，以及每种菌群的数量都各不相同。而且就算是同一个人，随着年龄的变化，身体中的菌群也会发生变化。

然而大家知道吗，其实正常菌群并非存在于人的体内。皮肤在身体的外部，是人体与外界的接触点。有趣的是，如果我们把成年人从口腔到肛门长达 9 米的消化道想象成一个铁管，那么虽然这根铁管处于人体内部，却仍能通过中空的部分与外界接触。这时候消化道内表面就变成人体与外界的接触点，也就是说来自外界的食物，会不断通过铁管内部，和消化道充分接触，最后变成大便从肛门排出体外。

◎ 正常菌群在人体内的作用

一般来说，正常菌群和宿主是共生的关系[①]，不会损害宿主的健康。正常菌群以宿主摄入的食物和宿主排泄的分泌物为养分生长发育，与此同时为宿主制造出所需要的维生素。

不仅如此，正常菌群还发挥着预防外部各种菌特别是病原菌进入人体引发感染的作用。并且正常菌群还能增强宿主的抗感染能力和免疫应答力。所以，可以将正常菌群视为我们人类的朋友。

但是如果宿主处于癌症晚期，抵抗力下降，正常菌群有时候也会引发感染。并且正常菌群脱离原有部位潜入其他部位也有可能引发感染。

---

① 共生关系指不同种类的生物生活在一起，并且互相弥补对方的不足之处。

09 为什么未满 1 岁的婴儿不能吃蜂蜜

> 不知道大家是否听过这样一句话：不能给刚出生的孩子喂食
> 蜂蜜。这就是我们身体中的正常菌群发挥积极作用的一个例子。

◎蜂蜜瓶身上的注意事项

现在凡是市面上销售的蜂蜜，其外包装上都会附有这样一条注
意事项：请勿给未满 1 岁的婴儿喂食蜂蜜。这是因为 1976 年美国
出现的蜂蜜导致"婴儿肉毒中毒"事件。

正常健康的婴儿莫名没有精神，哭声微弱喝不下奶，还有持续
性便秘的症状，情况进一步恶化还会出现肌无力的现象。经过调
查，在这些孩子的粪便中发现了肉毒杆菌和肉毒杆菌毒素，因此确
定了婴儿肉毒中毒的元凶就是蜂蜜。

1986 年，日本千叶县一名出生 83 天的男婴出现了上述的症
状。这名男婴在出生的第 58 天起，就开始被喂食蜂蜜，不出所料在
这名男婴的粪便中检出了肉毒杆菌和肉毒杆菌毒素。这也是日本首
例婴儿肉毒中毒病例[1]。

◎藏在蜂蜜中的芽孢

肉毒杆菌是一种土壤细菌，以芽孢的形态广泛分布于自然界

---

[1] 受此影响，1987 年 10 月日本厚生劳动省发布通知，倡议不给婴儿喂食蜂蜜，此后由食用
蜂蜜引起的婴儿肉毒中毒病例有所减少。

中。蜜蜂在采集蜂蜜时，肉毒杆菌的芽孢也会混入其中，所以蜂蜜中才会有肉毒杆菌的芽孢。

其实芽孢就是处于休眠状态的细菌，当周围的环境恶化时，细菌就会"变身"成这种抗逆性极强的构造。由于蜂蜜中果糖和葡萄糖的含量极高（除20%的水分外几乎都是糖），在这样的环境中，细菌基本无法增殖。芽孢虽然也无法发芽，但仍能保持休眠状态。

◎正常菌群尚不发达的婴儿

新生儿满8个月后，即使食用混有肉毒杆菌芽孢的蜂蜜，也不会中毒。其实人在无意中也会通过其他的农产品摄入肉毒杆菌的芽孢，但这并不会引起中毒。

当含有肉毒杆菌芽孢的蜂蜜进入人的口腔、食道和胃中，芽孢的休眠状态就会解除并开始不断增殖。但是因为胃中有大量的胃酸（稀盐酸），肉毒杆菌大多会被杀灭。就算一部分逃过一劫，经由小肠进入大肠之后，也会被大肠内的肠内细菌杀死。

但是由于婴儿的胃酸杀菌能力较弱，且肠内细菌尚不发达，因此肉毒杆菌会在大肠内大量增殖并产生毒素。婴儿最初先是便秘，继而产生食物中毒的症状。

但是出生8个月后，新生儿肠道内就会形成和成人相当的菌群分布。这些肠内细菌可以抑制肉毒杆菌芽孢的发芽和增殖，所以也就不用再担心喂食蜂蜜会引起肉毒杆菌食物中毒了。

10 痤疮是怎么形成的

人在青春期时皮脂分泌旺盛，皮肤上很容易出现痤疮。毛孔中的痤疮杆菌不断增殖，就会引起炎症使病情恶化。为了不留下痤疮印，及时治疗非常重要。

◎痤疮的成因是痤疮杆菌增殖和炎症

90%以上的日本人在十几岁的年纪都得过痤疮（粉刺），造成痤疮的罪魁祸首就是毛孔中的正常菌群——痤疮杆菌。

处在青春期的孩子，在雄性激素的作用下皮脂分泌变得旺盛，以及皮肤角化（体表细胞老化变成角质层）异常，这都会导致毛孔堵塞从而引发痤疮。其中发白凸起的叫作"白头痤疮"，开口处有黑点的叫作"黑头痤疮"。

毛孔中的痤疮杆菌不断增殖并引起炎症就会形成"红斑痤疮"，部分情况下伴有脓液。如果炎症进一步恶化，就会形成囊肿（囊性团块）和结节（疙瘩）。有时炎症治愈后，因经过了红斑和色素沉着的阶段，最后皮肤上仍然会留下瘢痕（伤痕）或者瘢痕疙瘩（伤疤治愈后留下的凸起）。

痤疮的产生和发展

◎尽早治疗很关键

青少年一般到了 13 岁左右就会开始长痤疮，高中阶段症状会尤其严重，到了 20 岁左右的时候就会痊愈。但是痤疮一旦恶化，就会留下难以根治的疤痕，导致治疗困难，所以要尽早去皮肤科接受治疗。

在 1993 年外用抗菌药产生之前，由于缺乏有效应对轻度痤疮的药物，很多人都是在炎症恶化之后，才前往医疗机构就诊。2008 年治疗轻度痤疮的阿达帕林通过认证后，情况发生了很大的改变，在只有微小粉刺的阶段，患者的皮肤炎症就能得到有效治疗。因此医生们也非常推荐患者在轻症阶段就开始积极接受治疗。

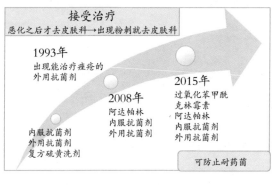

日本痤疮治疗的变迁

阿达帕林能和皮肤表面的细胞结合，治疗皮肤角化异常。而过氧化苯甲酰是一种强氧化剂，能够产生自由基①，杀死痤疮杆菌。

出自：[日]林伸和《痤疮形成的机制、治疗和预防》，发表于 2016 年《香妆会志》（Vol.40,No.1,pp.12-19），部分有改动

---

① 自由基又叫游离基，指具有不成对电子（原子或分子的最外侧的电子轨道上未配对的电子）的原子、分子或离子等。

以前在治疗炎症引起的痤疮中，经常会发现痤疮杆菌产生了耐药性，但是阿达帕林并不会让痤疮杆菌产生耐药性。到了 2015 年不会产生耐药菌的过氧化苯甲酰和克林霉素也被开发出来，治疗痤疮的药物更加多样，并且这种治疗形式持续到了今天。

11 体味是如何产生的

> 汗臭、脚臭、"老人味"等这些体味的产生都和微生物有关。为什么人体会散发出味道呢？我们来看一下体味的形成机制。

◎汗液原本不是臭的吗

汗臭味曾经是男士魅力的象征，但现在汗臭味早已过气。也许从"汗臭"这个词字面来看，人们会认为汗液是产生味道的根源，但实际上并非如此。

除了嘴唇和生殖器官的一部分外，汗腺这个细小的器官遍布人体的全身。运动、蒸桑拿等情况下产生的汗液通过汗腺中的外泌汗腺排出，其中的 99％ 都是水。除此之外，还有盐分、蛋白质和乳酸等，当然含量都微乎其微，所以这部分汗液原本是没有味道的，而且汗液本身还发挥着调节体温的重要作用。

出汗之后，随着时间的流逝，汗液中所含有的微量蛋白质和乳酸被皮肤中的正常菌群分解，产生酸酸甜甜的味道。而沾在衣服上的汗液中不仅含有皮肤上的正常菌群，很多其他菌也会在衣服上不断地增殖，最终形成"汗臭味"。

◎腋臭是全球通识吗

除"外泌汗腺"外，还有一种汗腺名叫"顶泌汗腺"。孩童时期，人体上很少有顶泌汗腺，但是到了青春期，腋下、阴部、胸部和外耳道（耳孔入口至鼓膜间的通道）等部位就会长出许多顶泌汗腺。顶泌汗腺在许多哺乳动物的身体上都有分布，人的顶泌汗腺都只分布在十分重要的部位。

	外泌汗腺	顶泌汗腺
部位	几乎遍布全身	腋下、乳头、外耳道、阴部
气味	无味	基本无味
颜色	无色	乳白色

顶泌汗腺所分泌的汗液量少，且其中含有脂肪和蛋白质，呈略带黏性的乳白色液体，刚分泌出的汗液同样几乎没有味道。

然而顶泌汗腺分泌的汗液中含有外泌汗腺分泌的汗液中所没有的脂肪，而且汗液的浓度较大，所以在被毛孔周围的正常菌群持续分解的过程中，会产生独特的"汗臭味"。

腋下的顶泌汗腺中分泌过多汗液并产生强烈气味的症状叫作"腋臭症"，俗称"狐臭"。据说原本腋臭有吸引异性、圈占势力范围的作用，所以全世界有腋臭的人占到了绝大多数。

但是在中国、日本、朝鲜等东亚国家的人当中，有腋臭的人却只有 5％～20％，属于少数。所以在我们东亚人看来腋臭是一种疾病，但是从全世界范围内来看，这并不是什么大不了的问题。

◎脚臭的原因是什么

人的脚上汗腺分布密集，出汗量非常大，每天的出汗量甚至能达到 200 毫升。但是脚上的汗腺是外泌汗腺，外泌汗腺分泌的汗液原本是没有味道的。

由于脚被鞋袜包裹着，特别是脚趾之间会形成温暖湿润的环境，这对细菌来说是绝好的温床。而且脚要支撑全身的重量，所以脚掌的角质层是人身体上最厚的。当角质层老化死亡之后，就会变成污垢脱落。脚掌上有厚厚的角质层，就使得双脚上的污垢相对比较多。足部皮肤上的正常菌群不仅以汗液为食，还会分解死亡的皮肤细胞，也就是分解脚上的污垢来获取繁殖所需的营养，分解过程中的生成物就是臭味的来源。

有些人可能认为要去除脚臭味，就要在洗脚的时候仔仔细细地搓洗，其实这个想法是错误的。皮肤表面死亡的细胞形成的污垢只需要轻轻冲洗掉就可以，如果使劲搓洗可能会给一些未到脱落阶段的表皮细胞造成损伤。

脚臭的根源在于细菌容易滋生的鞋和袜子，所以需要好好保持鞋袜的卫生。可以通过塞报纸团来保持鞋内干燥，另外注意不要连续穿同一双鞋，要经常把鞋放在通风良好的地方晾晒，让鞋也能得到休息。如果气味过于强烈，可以使用除臭喷雾，或抑制细菌滋生的鞋垫。最后，最重要的一点就是——每天换袜子。

◎"老人味"的原因是什么

"老人味"指的是中老年人身上特有的油脂味。人体皮脂中的脂肪酸被氧化，或者被正常菌群分解后所产生的壬烯醛是"老人味"的气味物质。无论男女只要过了 40 岁，身体分泌的脂肪酸都会增加，所以就算是皮脂量不及男性的女性也不能幸免，而且皮脂分泌旺盛的夏季尤其需要注意。

"老人味"多发于皮脂分泌量较多的头部，以及自己不容易注意到的颈后、耳郭、胸口、腋下以及背部。

要应对"老人味"，最重要的是通过淋浴或泡澡轻轻洗掉多余的皮脂和汗液，保持皮肤清洁。同时要及时擦去汗液和皮脂，如果心里比较介意的话，还可以使用专用的除臭产品。

12 过度清洁不利于皮肤健康

> 皮肤水润光滑都是皮肤正常菌群的功劳。因为它们可以保持皮肤表面的弱酸性，防止喜好碱性环境的病原菌侵入皮肤、在皮肤上繁殖。

◎脸部不能过度清洁

为了让皮肤更好，大家是不是都会用清洁剂使劲洗脸和身体呢？其实这样做对皮肤并不好，因为我们的皮肤上都有保持皮肤清洁的正常菌群，如果过度清洁就会洗掉这些菌群。即便这样，残留在毛孔中的菌群也会立刻开始增殖，并且仅用半天左右时间就能恢复到原有水平。但是如果使用卸妆乳或者洗涤剂，就会使皮肤偏向碱性，导致皮肤干燥。使用这些东西不仅会洗掉面部的菌群，也会洗掉一些未到脱落时间的角质细胞，从而使皮肤变得极度干燥。表皮葡萄球菌[①]在这样的环境中难以生存，所以为了保护皮肤的正常菌群，要避免过度清洁。

◎亲和肌肤的护理方法

虽然化妆后必须好好卸妆，但是切忌使用强力的洁面产品。有

---

① 又叫美肤菌，能够分泌滋润皮肤的甘油等物质，并产生抗菌肽来抑制导致皮肤干燥和特应性皮炎的金黄色葡萄球菌，从而达到守护皮肤的作用。

条件的话，时不时地保持素颜一整天，然后当天的早晚只用清水洗脸，以保护皮肤和皮肤正常菌群。

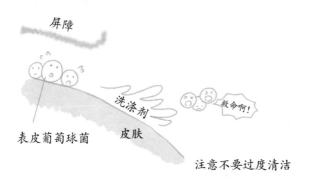

同时适当出汗也有助于保护皮肤。因为汗液可以为表皮葡萄球菌提供养分，防止皮肤干燥。汗液还具备免疫功能，其中含有的抗菌肽，能够抑制皮下脂肪产生的病原菌。所以为了保护皮肤，适度出汗也很重要。

◎皮肤正常菌群不喜欢紫外线

紫外线能引起化学反应，具有杀菌的作用。它不仅能杀死病原菌，也会对保护皮肤健康的正常菌群造成损伤。

紫外线虽然能够促进人体内维生素D的合成，但同时也有消极作用，比如造成皮肤免疫功能低下、DNA损伤以及诱发皮肤癌等。除此之外，紫外线还会导致含有黑色素的蛋白质增加，并使之变黑，导致皮肤被晒黑，有时候还会导致真皮层发炎，出现类似烫伤的症状——晒斑（日光灼伤）。而且如果皮肤长时间受到紫外线的直射，就会引起细纹、黑斑等早期皮肤老化的症状。我们日常生活中要时刻衡量紫外线所带来的积极影响和消极影响。

一般来说，抵抗紫外线要同时使用帽子、衣服和遮阳伞。如果去海水浴场或者远足，还要用能阻隔或吸收紫外线的防晒霜。

◎ 正确的洗澡方法

为了保护我们身体上的正常菌群，最正确的洗澡方法是快速冲洗掉身上的污垢。皮肤的最外层是角质层，每天都会老化脱落。这些自然脱落的污垢，仅用水冲洗就足够了。如果使劲搓洗，就会伤及还不到自然脱落阶段的细胞，反而对皮肤不好。需要使用香皂清洗的地方都集中在顶泌汗腺分布的脚和脚趾间，以及肠道正常菌群的出口——肛门周围。

而顶泌汗腺分泌的汗液中含有脂质，这些脂肪被出口处的细菌分解，就会发出独特的气味。我们人体上顶泌汗腺主要分布在面部的几个区域（包括额头在内的T区）、腋下、乳头周围、肚脐和生殖器周围。

13 抗菌产品真的对身体有益吗

现在药妆店里有许多宣称有抗菌、除菌作用的产品。但是如果经常使用这些产品，对我们身体内的正常菌群也有抑制作用。

◎除菌、杀菌、灭菌、抗菌的区别是什么

以上这几个词语中的"菌"，包括细菌、霉菌和病毒。让我们来具体看一下这些词语的区别吧。

除菌：去除目标物品内部和表面的微生物，具体有过滤除菌、沉降除菌和清洁除菌等方式。

杀菌：杀死目标物体内部以及表面的全部或者部分微生物。

灭菌：杀死或者去除目标物品内部以及表面的全部微生物。

抗菌：包括杀菌、灭菌、消毒、除菌、静菌、制菌以及防菌等在内的所有事情。

◎抗菌的消极作用

宣称有抗菌作用的材料几乎随处可见，比如自动扶梯的扶手、电车上的吊环等。现在连文具、衣服、鞋子等生活用品的宣传中也开始使用抗菌的字眼。不知从什么时候开始，我们的生活中已经掀起了一阵抗菌的热潮。

日常生活中，菌类的繁殖可能会给我们的生活带来一些麻烦，比如温暖湿润的厨房水槽就是细菌滋生的好地方，因而常会散发出难闻的味道。另外，砧板也很容易变成杂菌滋生的温床。人出汗后出现的大多数味道都是因为细菌分解汗液而产生的。遇到这些情况，人们一般会习惯性地使用杀菌剂，或者给衣服的布料上喷洒杀菌剂来防止细菌繁殖。

那么抗菌真的有百利而无一害的吗？

在我们身体里，肠道、皮肤和呼吸道等各种器官中，居住着各种各样的细菌和真菌，如果使用抗菌产品，我们身体中的正常菌群也会受到破坏。尤其是过度使用药用肥皂和医用消毒酒精，就可能会破坏皮肤上的细菌平衡，致使引发皮肤问题的细菌大量滋生。

皮肤上的正常菌群之间关系密切，彼此保持着复杂的平衡关系。因为整体已经处于平衡状态之中，所以就算是有新的细菌侵入皮肤也难以固着，这就是拮抗效应。

如果过度使用抗菌产品，就会导致人体正常菌群的平衡被破坏，反而给了病原菌可乘之机，让它们有机会轻松地进入。另外，如果杀菌不彻底，就可能使病原菌产生耐药性，导致抗生素等药物难以发挥作用。

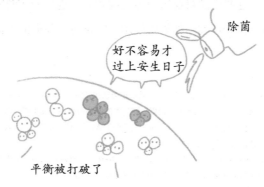

除菌

好不容易才
过上安生日子

平衡被打破了

◎提防无效除菌产品

日常使用也不会污染环境，并且具备抗菌性的材料主要是银和铜。现实中许多商品宣称的抗菌效果并没有明确的依据。

卫生间之所以臭是因为卫生间墙壁上沾上了尿液中的尿素，尿素被细菌分解之后就会产生氨气，市面上有些除臭剂就加入了银离子用于卫生间除臭。但是目前为止，日本公正交易委员会针对日本市面上销售的多款宣传语中含有"银离子除菌"的产品进行调查，发现在实际使用中，这些产品并没有表现出宣传的效果，判定其违反了《景品表示法》①，并下发了勒令整顿的行政命令②。虽然银和银离子确实具有抗菌性，但是被勒令整顿的产品中银的含量微乎其微。

另外，在 2014 年，一种生活空间除菌产品也引发了关注，该产品宣称只要挂在脖子上或者置于房间中，就能释放二氧化氯达到除菌和除臭效果。但是当时有人质疑这种产品是否真的能对佩戴人周围的环境，以及使用了这种产品的生活空间有除菌作用。所以日本消费者厅就对 17 家公司发出命令，要求各公司提供能够佐证宣传内容的可靠依据，但是各个公司最后提交的都是在封闭空间中的实验结果。这些产品对通风的房间或者有人进出的房间的除菌效果最终并没有得到证实。如果要使用二氧化氯对我们的生活空间进行

---

① 《景品表示法》是日本一部关于广告监管的重要法律，即不正当赠品类及不正当表示防止法，其中的"景品"是随产品或服务销售一同附赠的奖品或赠品。其主要管理的对象是价值过大赠品的提供（即不当赠品）以及夸大或虚假的表示（不当表示），对附带赠品的具体形式和具体营销行为有具体的规定。
② 针对 2007 年安斯泰来的卫生间芳香清洁剂，2008 年小林制药销售的卫生间芳香清洁剂中的"银离子添加除臭剂"和"卫生间银的消臭元"两款产品。

消毒，浓度至少要达到数百ppm①，但人体吸入这样的强氧化性物质也会遭到损害。

因此，目前宣称"抗菌""杀菌"的不少产品，其真实效果尚且存疑。

真的会有效果吗？

淡定！
淡定！

① ppm 浓度（parts per million）是用溶质质量占全部溶液质量的百万分比来表示的浓度，也称百万分比浓度。

14 龋齿和牙周病可能会引发大病吗

> 龋齿和牙周病等口腔疾病到底是怎么产生的呢？最近
> 一些研究表明，牙周病可能会导致更严重的疾病，到底有
> 哪些疾病呢？

◎龋齿的结构

我们的口腔中居住着各种各样的正常菌群，其中就有引发龋齿
的变形链球菌。如果不刷牙，这些细菌及其产物就会和食物残渣粘
在一起，在牙齿表面形成牙垢（牙结石）。牙垢结构坚固，是在各种
细菌共同作用下形成的生物被膜，只能通过刷牙等物理手段去除。

牙周袋　沉积的牙垢

牙龈发炎

中年以后
特别需要注意

牙垢常常出现在臼齿上下的窝沟及牙齿与牙龈的缝隙等地方，
内部各种以砂糖为原料形成的乳酸等细菌会不断增生。而唾液本身
呈弱碱性，与这些细菌相遇后就会使脱钙的牙齿表面再次钙化，所

以吃糖的频率越高、刷牙的频率越低，龋齿的发展就会越快①。牙齿刚长出来后的几年中很容易形成龋齿，所以在小时候就要养成正确的刷牙习惯，并且要少吃糖。

同时，龋齿本身就是一种传染病。为了避免儿童感染成人携带的细菌，成人要避免用嘴给儿童喂食，并且尽量避免与儿童共用餐具和筷子。儿童的龋齿大多是在牙齿的表面，但是成年人和老年人的龋齿大多在牙根、义齿和治疗痕②的周围。预防龋齿不仅要好好刷牙，还要定期去牙科检查自己是否患上了我们接下来要讲的牙周病。

◎牙周病是怎么形成的

牙根的周围有一个凹陷的构造叫作牙周袋，牙周病（牙周炎）就是牙垢堆积在牙周袋上产生的。牙垢钙化之后形成牙结石，引发牙周袋发炎、肿大，然后引起牙龈红肿，如果症状进一步加重就会化脓（牙槽脓漏），最后甚至会造成牙齿松动脱落。所以不仅平常要认真刷牙去除牙垢，到中年牙齿出现缝隙后，还要使用齿间刷和牙线清理牙缝，同时定期到口腔科检查和清理牙结石也很重要。

◎严重的话还会引起脑梗死和心肌梗死

如果对龋齿置之不理，不仅会引起严重的口臭和牙痛，还会导致牙齿内的牙髓化脓。如果脓液侵蚀颌骨，就可能会引起全身的细菌感染，导致败血症。

---

① 除此之外，唾液的量和人的体质等各种原因也会导致龋齿的出现。

② 治疗之后，边缘不密合的固定修复体（如金属冠套、嵌体、固定义齿）和填充体边缘。

最近又有研究指出，龋齿和牙周病可能会引起牙源性菌血症。在牙周病的病原菌刺激之下，血管内产生诱发动脉硬化的物质，形成血管结石（粥样脂肪堆积，与牙结石构成不同），从而引发动脉硬化、脑梗死和心肌梗死等严重的疾病。

在以往的认知中，动脉硬化是一种生活习惯病，常由不恰当的饮食习惯、缺乏运动和压力大引起，但是现在我们发现口腔卫生也是其中的一个影响因素。

还有研究表明牙周病可能会导致误咽性肺炎、心内膜炎、糖尿病等疾病的患病风险上升。所以日常生活中大家一定要注意口腔卫生。

如果置之不理就会……

龋齿和牙周病

· 脑梗死
· 误咽性肺炎
· 心肌梗死
· 心内膜炎
· 动脉硬化
· 糖尿病
· 产下低体重儿
· 早产

厉害吧!

龋齿和牙周病可能会引起的疾病

15 "肠道花圃"是什么

了解肠道菌群的话就能经常听到一个词——肠道花圃。所谓"肠道花圃"到底指什么，我们人类的肠道内到底生活着多少肠道菌群，在这一节中我们会做具体的说明。

◎肠道菌群就是"肠道花圃"

人类的肠道内生活着数百种细菌，总数量达 100 万亿个，总重可达 1.5 千克。人们以往通过对粪便内细菌的培养调查，只发现了100 种左右的细菌，但是通过细菌DNA的提取和识别又发现了许多难以人工培养的细菌，所以已知的肠道细菌的数量有所增加。

这些细菌在肠道中各自划定势力范围，过着群居生活，共同构成了肠道菌群。肠道菌群中的同类细菌像植物群生的花圃一样覆盖在肠道表面，因此我们把肠道菌群的分布比作植物群居，取名为"肠道花圃"。

◎肠道菌群主要活跃在大肠里

肠道菌群主要在大肠中活动。可是明明大肠比小肠的长度短，面积小，为什么细菌还生活在大肠中，而不是小肠中呢？

首先，我们吃的食物通过口腔、食管、胃之后会到达十二指肠等小肠的上段。消化道从这一段开始，不仅具有消化功能，还具备了吸收功能。因此，肠道的位置不同，营养物质的种类和量也是不同的。

我们吃东西的时候，会连同空气一起吃进去。空气中含有21％的氧气，而细菌中既有好氧菌又有厌氧菌，如果有氧气存在，那么厌氧菌就无法生存，同时好氧菌又能分为三种。

好氧菌

　　→ 兼性厌氧菌（无论有无氧气都能繁殖）

　　→ 微好氧菌（氧气浓度3%~15%环境中可繁殖）

　　→ 专性好氧菌（必须有氧气才能繁殖）

我们吃东西时吞进的氧气在肠道上部就会被好氧菌消耗掉。所以越到肠道下部，肠道内的氧气浓度越小，到了大肠部分，基本上就会处于完全无氧的环境。

可见在小肠中仍然有氧气存在，所以这里生活着大量的兼性厌氧菌——乳酸杆菌。而从盲肠到大肠这一段，肠道则基本处于无氧状态，所以一旦有氧气存在就无法繁殖，甚至直接死亡的专性厌氧菌的数量在这里出现爆发式增长。

另外，胆汁中含有的胆汁酸，其作用和香皂或洗涤剂等表面活性剂相同，能够溶解细菌的细胞膜，具有杀菌作用，所以细菌也难以在胆汁中生存。胆囊每天会向肠道中分泌20~30克胆汁酸，其中90％都会被回肠吸收再利用。所以比起回肠，肠道菌群更喜欢大肠的环境，因此大部分肠道菌群选择生活在大肠中。

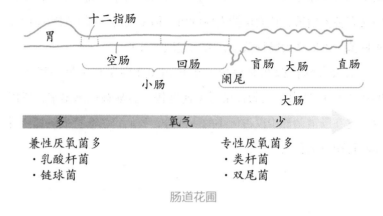

肠道花圃

◎主要的肠内细菌和大肠杆菌

由于胃里有胃酸（pH值为 1 ~ 2）[1]，所以除了能引起绝大多数胃炎和胃溃疡的幽门螺旋杆菌，基本没有微生物能在这么恶劣的环境中生存和繁殖。（幽门螺旋杆菌参照本书第 198 页）。

由于十二指肠和空肠仍然会受到胆汁作用的影响，所以每克内容物中只生活着 1000 ~ 10 000 个乳酸杆菌和链球菌等细菌。而每克回肠的内容物中细菌数量能超过 1 亿个。而到了大肠中，每克内容物中细菌的数量就会达到 100亿 ~ 1000 亿个，并且多数为类杆菌和双尾菌。

◎大肠中的大肠杆菌有很多吗

人们最早发现的肠道菌就是大肠杆菌。大肠杆菌种类繁多，但

---

[1] pH 值是指示水溶液中酸碱性程度的值，范围为 0 ~ 4 的氢离子浓度指数。7 为中性，数值越小酸性越强，数值越大碱性越强。

是基本对人体无害。不仅如此，许多大肠杆菌能合成维生素，并且抑制有害菌增殖，从而保护人体健康。但是大肠杆菌中的病原性大肠杆菌（毒原性大肠杆菌），会引起腹泻和腹痛。

虽然大肠杆菌在肠道菌群中仅占 0.1%左右（另一说法是0.01%）。但是由于大肠杆菌增殖速度快，容易被检测出来，所以尽管它在肠道菌群中仅占极小的一部分，我们仍然会把大肠杆菌看作肠道菌群的代表。

16 我们印象中有益健康的乳酸菌和双尾菌是什么

　　益生菌指所有对身体有益的微生物，以及含有益生菌的产品和食品。其中比较有代表性的是乳酸菌和双尾菌。

◎乳酸菌和双尾菌并非同类

　　乳酸菌是所有分解糖分产生乳酸的菌类的总称，乳酸菌有很多种，人的小肠和女性的阴道中都有乳酸杆菌属的乳酸菌生存。

　　双尾菌以糖为原料，生产醋酸和乳酸。双尾菌很容易在母乳喂养的孩子的肠道内定居。双尾菌曾经被看作是乳酸杆菌的同类，但是由于双尾菌呈"Y"形，所以现在我们把双尾菌和放线菌划为一类。

◎梅契尼科夫提出"乳酸菌有益健康"的说法

　　乳酸菌和双尾菌有益健康这一说法可以追溯到俄国微生物学家梅契尼科夫（1845—1916）。20世纪初，他以自己提出的"人体自身中毒说"，即"大肠内细菌产生的腐败性物质是衰老的根源"为基础，又提出了"在保加利亚的莫斯利安地区，人们长寿的秘诀在于喝酸奶"。他自己在生活中也大量喝酸奶，努力地让大肠中充满乳酸菌来驱逐导致衰老的大肠菌。因为他提出过，乳酸杆菌进入人体后会在肠道中繁殖，从而抑制有害细菌的增殖，使人健康长寿。

◎活着到达肠道的乳酸菌都是"坚强的过客"

"喝了乳酸菌饮料就能抵抗疾病，健康长寿"这一说法并没有得到证实。而且在 20 世纪以后的统计结果中，也没有显示保加利亚的人均寿命较长这一信息。而且我们可以明确的是，就算喝下了含有活性乳酸菌的饮料，这些乳酸菌基本会被胃里的胃酸杀死，就算有一部分能到达肠道，也早已失去了繁殖能力。

20 世纪 30 年代，日本微生物学家代田稔发现了经过胃部，但是没有被胃酸杀死，而是活着到达肠道的强健的乳酸菌（干酪乳酸菌代田株）。并在 1935 年，把乳酸菌放入发酵乳中培养，由此得到第一瓶养乐多①。

然而，就算乳酸菌能活着到达肠道，也无法在肠道中定居，只能算是肠道中的过客。活着到达肠道的益生菌，在通过肠道的时候，会分泌有益于乳酸菌和醋酸菌的物质，而被杀死的乳酸菌则会成为正常菌群的食物，为我们的身体做出贡献。

◎益生菌真的有益健康吗

乳酸菌和双尾菌有时候也被当作添加剂使用，但是即使是浓度较高的益生菌产品，每袋的含量也不过数千个。而我们肠道中正常菌群的数量是它们的数百倍。所以大家还是不要对通过摄入益生菌保持健康抱有太大的期望。

并且我们上文中已经提到过，就算有益生菌能活着进入肠道

---

① 一种活性乳酸菌饮品。

中，那也只是路过而已，并不会在肠道中定居。益生菌到底是否对身体有益，还需要经过长期的检验。同时，益生菌种类繁多，使用的时候也要结合自己的身体状况来选择。

目前得到医学证明的益生菌的作用只有抑制感染性腹泻的发病，和降低抗生素治疗导致腹泻的风险，以及保护儿童不受坏死性肺炎（多见于早产儿）的侵袭。所以目前益生菌并没有归入医药品的范围，而是划入了食品范围。另外一个原因是医药品的管制非常严格，而食品的管制则相对宽松。

当然益生菌有益健康的思路并没有错，适当地摄入微生物对人体有益，也并非不可能的事情。

干酪乳酸菌代田株也只是从肠道经过？

17 肠道菌群在做什么

在肠道内形成"肠道花圃"的肠道菌群如何影响我们的身体健康？为什么肠道也被称为人的"第二大脑"？

◎肠道菌群以没有完全消化的食物为养料

我们人类的消化道是一条长长的管状体，从上到下分别为口腔、食管、胃、十二指肠、小肠、大肠以及肛门。我们的大肠和小肠里生活着大量的肠道菌群，其中大部分生活在大肠中。我们首先来看一下什么是大肠的"肠道花圃"。

人吃进去的食物在胃部、十二指肠和大肠中，淀粉等糖类物质被分解成为葡萄糖、蛋白质变成氨基酸、脂肪变成脂肪酸和单酸甘油酯之后，才能被人体吸收。

食物没有完全消化的部分、消化液和脱落的消化道上皮细胞都会到达大肠，其中一部分成了大肠中正常菌群的营养物质。我们肠道内的温度适宜、pH值适中，并且有稳定不断的营养供给，对细菌来说，是再好不过的生存环境。

肠道菌群中最多的是类（拟）杆菌①属的细菌，粪便中的细

---

① 类杆菌到底是什么样的细菌呢？通过科学杂志 Nature 2015 年 1 月期刊中的《肠道细菌中的类杆菌独占了大部分的甘露聚糖》这篇报告，我们就会知道甘露聚糖是一种沾在酵母菌细胞壁上的多糖类物质，一直到小肠都无法被消化。

菌80％都是这种细菌。紧随其后数量比较多的就是双尾菌和真细菌。同时，类杆菌属的平常拟杆菌可以产生能够分解海藻中食物纤维的酶。所以喜欢食用海苔的日本人的肠道内，生活着大量的类杆菌。

类杆菌和双尾菌以人类体内难以消化的低聚果糖、低聚半乳糖和低聚木糖等寡糖（由 2～10 个单糖组合构成的低聚糖类）为食，其代谢产物主要为醋酸、酪酸等酸，同时顺带生成维生素（B_1、B_2、B_6、B_{12}、K、烟酸和叶酸）、氢气、氨气、甲烷和硫化氢等物质。

类杆菌属·平常拟杆菌
肠道内大量存在
　　肠道花园的细菌

类杆菌属·海苔拟杆菌

甘露聚糖　食物纤维　寡糖　海苔的食物纤维

肠内菌群进食后的代谢产物

· 醋酸、乳酸
· 酪酸
· 维生素
· 氢气、甲烷
· 氨气
· 硫化氢

◎肠道是人类的第二大脑

如果人受到的压力过大，就会引起便秘或腹泻，这暗示着人的大脑和肠道有着深刻的联系。那么，如果切断了连接大脑和肠道的神经，结果会怎样呢？

肠道中遍布着神经，并且肠神经有一套独立于大脑的神经系统，并通过这套神经系统与其他的消化器官进行协同作业，它可以直接向其他的脏器发出指令。也就是说就算大脑控制肠道的神经被切断，肠道也能独立完成蠕动运动（通过肠道蠕动来排出粪便和气体），分泌消化液。这就说明了肠道有时候会和大脑保持联络，但是有时候也可以不借助大脑的帮助独立完成蠕动运动①。

粪便要顺畅地从胃部移动到直肠，肠道的蠕动运动必不可少。不仅如此，肠道的蠕动运动还能加速分泌分解和消化食物的酶和荷尔蒙，并且促进排便。蠕动运动有大肠和小肠中的1亿多个神经细胞参与其中，这个数量仅次于大脑中150多亿个的神经细胞。

当大脑感受到强大的压力时，就会通过自律神经瞬间将信息传递到大肠，并引起便秘、腹痛和腹泻。相反地，如果出现了腹泻和便秘等问题，大肠也会通过自律神经给大脑施加压力。简单来说，肠道和大脑之间很容易出现压力的恶性循环。

肠道菌群不仅深度参与到肠道的功能中，还会通过制造各种物质的方式，深度参与大脑和其他脏器的活动。

综上可见，肠道花圃对人类的身体健康有很大的影响。

---

① 20世纪80年代，美国研究人员迈克尔·格森博士提出了"肠道是人类的第二大脑"，阐明了肠道的作用。

18 憋着的屁去了哪里

> 连同食物一起吞进体内的空气，肠道中的肠道菌群工作发酵所产生的气体，以及原本存在于血液中通过肠道黏膜进入肠道的气体等各种气体的混合物就形成了屁。

◎屁的成分

人吞进去的空气与肠道产生的气体的量，和以打嗝和放屁的形式排出人体的气体量保持平衡。如果平衡处于正常状态，那么腹部一般会留下 200 毫升左右的气体。

人吞进去的空气和肠道内产生的气体大部分会被血液吸收，并且通过肺部在呼吸的时候排出体外。以打嗝或放屁的形式排出的气体不足进入腹部空气的 10%。吃的食物不同，以及人的身体状况发生变化都会影响到屁的量。但是整体来看每次放屁排出的气体量在 150 毫升以内，每天放屁排出的气体量为 0.4 升~2 升。

因阿波罗计划和宇宙飞船而出名的NASA（美国国家航空航天局）的研究团队曾正式将屁列入了研究项目内。在狭窄的宇宙飞船内部，如果有毒且恶臭的屁不断堆积，就会引发严重的问题。而且航空餐有量少且热量高的特点，所以人吃了之后，产生的屁量更大，并且其中氢气和甲烷的含量更高，所以很容易引起气体爆炸。

NASA的研究表明，屁的成分大约有 400 种。其中吞进体内的氮气占到 60％～70％，氢气占到 10％～20％，二氧化碳占到 10％左右[1]。

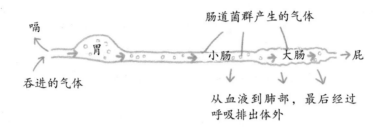

人在吃饭的时候，会顺带吞进空气，如果空气干燥，则其中氮气占到 78％，氧气占 21％，氩气等其他气体占 1％。其中的氧气会被好氧菌消耗掉，所以屁中占比最大的是氮气。

◎肠道菌群的呼吸产生的氢气和甲烷

小肠中，只要有氧气，就存在呼吸氧气的兼性厌氧菌。这些兼性厌氧菌在呼吸的时候，将小肠中食物的养分（有机物）和氧气转化成水和二氧化碳来获取生存的能量。另外，如果没有氧气，就会生成甲烷和乙醇（酒精）、乳酸、醋酸等物质和二氧化碳。也就是说，没有氧气的情况下，作为菌群养料的有机物并不能全部被转化成水和二氧化碳。因此可知甲烷等物质是无氧呼吸的产物。

大肠中含有能产生氢气的产氢细菌。一般来说，糖类物质在胃和小肠中就会被消化吸收，部分因吸收不良而到达大肠的糖类物质

---

[1] 除此之外，还有氧气、甲烷、氨气、硫化氢、粪臭素、吲哚、脂肪酸和具有挥发性的胺等。

就会被细菌当作养料，用来生产氢气。

◎ "发酵"和"腐败"是肠内菌群的呼吸导致的吗

肠道内的菌群要生存下去，离不开呼吸作用。这种呼吸作用也在我们人类的细胞内进行，发挥着代谢养分、提供生存所需能量的作用。

我们可以根据这些细菌在无氧情况下的呼吸作用（无氧呼吸、厌氧呼吸）对人类是否有益对其进行区分。乙醇和乳酸的代谢物对人体是有益的，所以叫作发酵；而氨类和硫化氢的代谢物对人体有害，所以叫作腐败。

◎吃红薯容易放屁吗

我们经常会听到"吃了红薯容易放屁"这种说法。这是因为人吃了红薯和牛蒡等膳食纤维丰富的食物之后，消化酶不能完全分解的淀粉碎片就会变成肠道菌群的营养源，使肠道菌群的活动更加活跃。但是红薯发酵产生的气体主要是无臭的二氧化碳，所以这时候屁较多，但并不臭。

◎肠内菌群产生的臭味气体

肠道内的氮气、二氧化碳和氢气、甲烷等气体都是没有气味的气体，但是氨气和硫化氢之类的气体是有臭味的。肠道菌群分解蛋白质会产生氨气和硫化氢等臭味气体。糖分和脂肪是由碳、氢和氧元素组成的，而蛋白质除此类元素外还含有氮元素，有的蛋白质甚至还含有硫元素。

氨气分子由氮原子和氢原子组成，易溶于水，且恶臭，有毒性。我们细胞内的蛋白质和氨基酸代谢后也会产生氨气，所以肝脏内会形成低毒的尿素。硫化氢是由硫元素和氢元素构成的分子，有独特的臭味，且有毒性。

◎如果光吃鱼和肉，屁就会变臭

氨气和硫化氢确实有臭味，但是仅需极少量就会散发出强烈臭味的物质是粪臭素和吲哚。而屁之所以有臭味，主要是由于大肠内的蛋白质分解菌和腐败菌生成了粪臭素和吲哚。

蛋白质中一定含有氮元素，氨气、吲哚、粪臭素也是含有氮元素的物质。氨气还能代谢构成蛋白质的氨基酸，吲哚、粪臭素就是色氨酸这种氨基酸的代谢产物。硫化氢中含有硫元素，是含硫氨基酸的代谢产物。

因为鱼和肉含有大量的蛋白质，吃得过多，就会产生大量的臭味物质[1]。如果人感受到的压力比较大，屁也会变臭。这是因为疲劳、压力会导致胃和肠道等这些消化器官无法很好地消化食物，致使肠道内菌群的平衡被打破。压力会导致便秘或腹泻，当出现便秘的时候，吃进去的食物会长期停留在肠道内，也就更容易出现腐败和发酵。由此可见，屁的臭味是观察肠道菌群的一个良好窗口。

---

[1] 日本粪便研究者辨野义己连续40天每天吃1.5千克肉。他发现不吃大米和蔬菜水果，只吃肉类，体内的双尾菌就减少，而梭菌会增加。最终他能感受到自己的体味，并且粪便的臭味也变得非常强烈。

◎憋进去的屁去了哪里

突然想放屁，但是周围有人，就只能硬生生地憋回去。使劲地收缩肛门憋着屁，不一会儿就能感觉屁消失了。那么这时的屁到底去了哪里呢？

随着时间的流逝，一直憋着的屁基本上都会被大肠黏膜上的毛细血管吸收进血液中。如果屁的量太大，就会向上回流到大肠旁边的小肠中，并在那里被黏膜上的毛细血管吸收进血液中。进入血液的气体，跟随血液在全身游走。在这个过程中，一部分气体被肾脏处理变成尿的成分，剩余的部分则会被运送到肺部的毛细血管中，随着呼气从口鼻排出。也就是说，屁在不知不觉中通过我们的口鼻排出了体外。

19 通过粪便的颜色和形状就可以进行健康自检

> 如果把我们人体的消化道看作是一座工厂，那么粪便就是产品。要想判断工厂的运作是否良好，只要看一下产品的成色就可以判断。

◎粪便到底是什么

粪便主要由食物中没有完全消化的部分、消化液、消化道脱落的上皮细胞以及肠道菌群的尸体（当然还有部分活着的肠道细菌）组成。整体来看，水分占 60%，消化道上皮细胞残骸占 15%~20%，肠道菌群的尸体占 10%~15%。

粪便的量和次数由摄取的食物种类、分量和消化吸收状态等要素决定。一般情况下，人每天应该排便一次，每天排便100~200 克。吃菜多的人，不管是排便次数还是排便量都比吃肉多的人多。

◎理想的粪便像"香蕉"

理想的粪便应该是黄色，或者泛黄的褐色，就算有味道，也不会特别强烈，柔软的香蕉状是粪便最理想的状态。

相反，如果粪便发黑，且臭味刺鼻，则表明肠道菌群的平衡被打破了。了解我们肠道中的寄宿者，并且和它们友好相处是保持身体健康的关键。

日本的研究员辨野义已给出了"理想粪便"的几个评价标准：

· 每天排便

· 排便轻轻松松，不用使劲

· 颜色为黄色到黄褐色之间

· 重量为 200~300 克

· 大小与 2~3 根香蕉相当

· 虽然有味道，但是不刺鼻

· 硬度处于香蕉和牙膏之间

· 水分含量 80％

· 掉进水中后很快散开，并浮在水面上

虽然说能以香蕉为参照来确认粪便的分量和硬度，但是称粪便的重量似乎没有那么现实，所以相较而言，2~3 根香蕉这个参照物似乎更加直观。粪便的粗细由肛门的松弛程度决定，如果硬度理想，那么粪便的粗细应该和剥了皮的香蕉相近。

易断的粪便上包裹着一层由黏液组成的"外衣"，使得粪便不会轻易沾在肛门上，所以也就不需要用厕纸反复擦拭。这个黏液实际上是消化道中分泌的黏液素和水分。

黏液素是糖和蛋白质组成的高分子化合物。正是因为这种黏液能薄薄地包裹在消化道和粪便的表面，所以粪便才能顺利地在消化道中移动，并且顺畅地通过肛门排出体外。

此外，唾液中也含有黏液素，可以帮助人们更轻松地把食物咽下去。

◎粪便颜色的秘密

粪便的颜色主要来自胆汁。胆汁是一种对消化和吸收脂肪具有重要作用的消化液，主要成分包括有具体形态的胆汁酸、磷酸、胆固醇、胆汁色素（主要是胆红素）和无具体形态的钠离子、氯化物离子和碳酸离子等电解质。胆汁由肝脏产生，通过肝管、胆囊和胆总管流进十二指肠。

胆汁酸相当于肠道内的肥皂和洗涤剂，起着表面活性剂的作用。原本水和油脂是不能混合在一起的，但有了胆汁酸这种表面活性剂，就能使不溶于水的脂肪酸、脂溶性维生素、胆固醇等油脂性成分和水混合相处，从而促进人体对脂质成分的吸收。

流进十二指肠的胆汁中的胆红素由于受到大肠中肠内菌群的影响，会变成尿胆原，并且其中的很大一部分会变成致使粪便颜色变深的粪胆素。

◎通过粪便的颜色可以确认健康状况吗

粪便在大肠中的停留时间短，颜色则呈黄色，停留时间越长，粪便颜色越深。黄色以及发黄的褐色都是健康粪便的颜色，这是因为胆汁中黄色的色素混进了粪便中，所以粪便呈现茶褐色、黄色或者泛绿色都是正常情况。

消化脂肪时，需要消耗大量的胆汁。如果摄入的脂肪过多，胆汁供不应求，粪便就会发白，但是只要平时注意饮食，就不用担心出现这个问题。粪便发白的话也要小心是肝炎或胆结石，胆汁停止分泌，甚至也要提防肝癌、胆囊癌和胰脏癌。

如果粪便中混有血液，并呈现煤油状，就是危险的信号。如果粪便只有表面有血，很可能是由于痔疮导致的。但是如果粪便整体都带血，那么就要考虑是不是出现了大肠出血的症状，或者是不是患上了大肠癌或直肠癌。

如果排出的粪便是厚重黏腻的煤油状粪便，那可能就是上消化道出血的信号，也有可能是患上了出血性胃炎、胃溃疡、十二指肠溃疡和胃癌等。

如果吃太多的鱼和肉等蛋白质丰富的食物，食物被分解后会产生一些臭味物质，所以粪便会变得非常臭。

◎粪便和香水的味道来自同一种成分

蛋白质被腐败菌分解之后就会释放恶臭。造成臭味的主要物质是粪臭素[①]、硫化氢、吲哚和胺类物质。导致大便发臭的吲哚在室温下，呈固态。但是如果进行稀释降低了它的浓度之后，吲哚就会发出香味，香橙和茉莉花等许多花香中就含有这种成分。实际上制作香水使用的天然茉莉精油中就含有 2.5% 的吲哚。此外在香水和香料中也会用到合成吲哚。

粪臭素是粪便臭味的来源，和吲哚一样稀释之后会产生茉莉花的香味，所以粪臭素和吲哚一样，也常被用到制作香水和香料中。

◎"宿便"到底是什么

所谓"宿便"通常是指沾在肠道壁上不易脱落的淤泥状粪便，但是实际上并不存在这样的东西。大肠和大肠内老旧的表皮细胞会

---

① 粪臭素，名称来源于希腊语中的"σκατ"（粪便）。

被新生的细胞推到肠道绒毛的顶部，并在到达顶端之后逐渐脱落。一般来说，每 3~4 天的时间内，肠道的上皮细胞就会得到更新，所以粪便沾在肠道壁上的情况是不存在的，就算使用内视镜也无法在肠道壁上找到宿便。综上所述，我们可以知道传说中的"宿便"并不存在①。而且就算是断食期间，人也会排便，但是这并不算是宿便。一般来说粪便由食物未完全消化的部分、消化液和脱落的消化道上皮细胞以及肠内菌群的尸体组成。断食期间的粪便中只不过是缺少了未完全消化的食物这一个部分，其他部分的物质仍然会正常产生。

如果患上"宿便性直肠溃疡"这种罕见的疾病，直肠中虽然有粪便也无法排出，但这种粪便仍然不算宿便。

◎ 从粪便的形状可以看出健康状态

国际上基于粪便的硬度和形状等，将粪便分为 7 个等级。这就是由英国布里斯托大学开发的布里斯托大便分类法。

处于 4~5 级之间的牙膏状的粪便是最健康的状态。

粪便像兔子的粪便，是一个一个小硬块，排出这种粪便的人大多患有神经性便秘。

香蕉状的粪便虽然也是健康的粪便，但是如果水分不足就会引起便秘，甚至会引发裂痔。

压力、消化不良或者摄入水分过多的话粪便也会变软。但是如

---

① 尽管如此，仍然有许多的广告提到了"宿便会污染血液、妨碍消化吸收、产生毒素而导致疾病"，所以提倡"清除宿便，使肠道回归清爽"，而且还催生了营养品及美容院疗法和肠道清洗等服务。

果排出粪便过细，就要考虑是不是患上了直肠癌。

布里斯托大便分类法

如果只是暂时的腹泻，大多数情况下粪便都是糊状或者液体状。但是如果一天内数次上厕所，并且次数超过了 3 次，就可能是食物中毒导致的腹泻。

◎健康的粪便到底是浮在水面上还是沉下去

很多人饮食以米饭为主，膳食纤维丰富，所以基本能做到营养均衡。人们从主食米饭中可以摄取碳水化合物，从主菜鱼、肉、豆腐等中可以获得蛋白质和脂肪，而从副菜青菜和沙拉等中可吸收维生素、矿物质和膳食纤维等物质。膳食纤维可以使粪便在肠道中吸足水分，使粪便体积变大，以此来防止便秘。并且膳食纤维还能促进肠道运动，使粪便更容易排出。

物体是否能浮在水面上，取决于它的密度与水的密度之间的关系，如果其大于水的密度就会沉入水中，如果小于水的密度则会浮在水面上。如果坚持营养均衡的饮食方式，粪便的密度会略高于水的密度。但是由于粪便下落之势也不会很大，所以健康的粪便不会沉入水中，而是静静地漂浮在水面上。

　　如果摄入的食物纤维较多，并且其中含有空气和其他气体，粪便的密度就会变小，因此也能浮在水面上。另外，油脂含量大的粪便因为脂类密度小于水，所以也会浮在水面上，而且油脂还会在水面上形成一个亮闪的油膜。但是这种粪便大多是由于对脂质的消化吸收较差导致的，所以算不上是健康的粪便。

　　最后，如果摄入肉类等蛋白质丰富的食物较多，粪便的密度就会变大，更容易沉到水里。

第三章

制作出美味食物的微生物

20 "发酵"和"腐败"的区别是什么

2013 年,日本"和食"被收录进了联合国教科文组织非物质文化遗产目录。"和食"的核心就在于其中的"发酵食品",说到底人类饮食文化的发展历程中一直都有细菌的影子。

◎ 发酵食品发达的日本

日本饮食讲究"一汤三菜"①,由于日本人很少吃动物脂肪,所以"和食"就具有了使人长寿和预防肥胖的作用。

在日本的饮食中,让饭菜拥有丰富口味的秘密之一就是加入各种由发酵而得的调味料。具体来说有味噌、酱油、味淋、醋、干鲣鱼片和鱼酱等具有日本特色的东西。这些全部都是使用霉菌或者酵母菌制成的发酵食品。

除此之外,为了一整年都能吃到蔬菜,以前的人们发明了腌菜。所谓腌菜就是把蔬菜和食盐放在一起腌制,并经由乳酸菌发酵而成的食物。如果盐分过少,腌菜中的其他细菌就会大量繁殖,并导致腌菜最终腐烂掉。

---

① "一汤三菜"是指除米饭之外需要有一碗汤和三个菜,其中主菜一品、副菜两品。菜品主要由使用一点点生鱼肉做成的醋拌生鱼丝、煮菜和烤菜组成。

◎发酵和腐败的区别

利用细菌的活动，发明制作出对人类饮食生活有益的东西，这个过程就叫作发酵。而如果过程中产生了有毒物，或者出现不适合食用的情况，则称为腐败。

大米、豆类、小麦、牛奶

发酵或腐败

味道好，能吃

味道不好，不能吃

释放毒素的细菌大量增殖就会引起食物中毒

发酵与腐败的过程是一样的

◎日本的"国菌"——米曲菌

虽然世界各国都有发酵食品，但是很难找到一个比日本更喜欢发酵食品的国家了。孕育了日本发酵食品的是日本的"国菌"——米曲菌制造出来的曲。

提到霉菌，人们可能都没有太好的印象。不可否认，面包变质后长出的红霉菌会产生霉菌毒素，导致食物中毒。同样绿色的青霉菌也会释放出霉菌毒素。

但是，日本用得比较多的米曲菌则不会产生毒素。而且米曲菌在生长过程中会分解目标对象中含有的淀粉和蛋白质，产生糖和氨基酸。只要能灵活运用这一性质，就能制造出味噌、酱油和清酒等多种多样的食品。

综上可见，米曲菌对日本传统的饮食生活有着深刻的影响。因此，米曲菌也被日本酿造学会指定为日本的"国菌"。

21 日本酒的制造方法和啤酒以及红酒有什么不同

> 让日本感到无比自豪的日本酒（清酒），现在也逐渐受到了全世界的青睐。实际上，没有丝毫浑浊、清澈养眼的日本酒是人类和微生物共同的杰作。接下来让我们一起走进清酒的世界。

◎甘洌的清酒要经过两个阶段的发酵

酿造清酒的过程中非常重要的一个要素就是曲。日本的曲是味噌、酱油和日本酒酿造中必不可少的菌。日本清酒的酿造过程分为三个阶段——"一曲二酛三发酵"。第一道工序，也就是曲的好坏就决定了清酒的品质。

一曲，首先要给蒸好的白米中撒上曲菌的菌种，因为菌种的铺撒一定要均匀，所以这种工法又叫作"散曲"。与之相对，东南亚人酿酒时，则是把蒸好的白米压实之后，直接将"饼曲"放入其中。这种饼曲一般含有数种曲菌和蛛网霉等杂菌，酿酒过程中所有的菌都会参与其中。而清酒的酿制则只使用一种曲菌，使它大量繁殖，这也是日本酒外观澄澈、口感纯净的原因之一。

这里提到的曲要在名为"曲室"的特殊房间中放置两日，使曲菌大量繁殖。曲室的温度一般要保持在 30 ℃，湿度要保持在 60 % 左右，这才是最有利于曲菌繁殖的环境。这一环节至关重要，因为曲的好坏会决定清酒的品质，所以清酒的酿造工厂都会在曲室上花费重金。

接下来的步骤就是制造一种加入了酵母菌的液体——酛。将曲和水搅拌在一起之后，立刻加入酵母菌种，增加酵母菌的数量，这样形成的液体就叫作"酒母"。之后将酒母、曲菌和蒸好的米一起装料，进入酿造阶段。为了给原来储存在安瓿（小玻璃容器）中的酵母菌一个干净纯粹的繁殖环境，保证清酒品质的稳定，日本人做出了巨大的努力。

曲使得大米中的淀粉糖化，之后酵母把糖变成酒精，要经过这两个阶段，才能酿出清酒。与之相对，啤酒是麦芽糖、红酒是葡萄糖在酵母菌的作用下直接转化成酒精，可见日本酒在酿造工艺上有其独特之处。

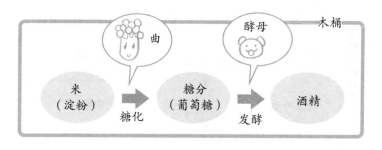

酒的酿造过程

◎日本酒的历史

日本酒历史悠久，可以进入世界上最古老酒种的行列。最早产生的日本酒是"口嚼酒"。通过咀嚼的方式，用唾液中的淀粉酶将淀粉糖化，之后使用天然酵母发酵产生酒精，就能得到口嚼酒。在神社等地方供奉的酒就是这种酒。

之后，使用曲的日本酒诞生于日本奈良时代（710—794）。虽说使用曲进行酿酒的文字记载出现于奈良时代，但是据推测，其实在此之前，日本人已经开始使用曲酿酒。只不过在日本各地这种方法还处于不断摸索的过程中，直到日本室町时代（1336—1573）出现了专业的制曲人，才开始给市场上输出高品质的曲种。

◎日本酒的种类

日本酒按照原料中的精米度①和是否添加酒精来分类。一般来说精米度越低，口感越纯，酿出的酒品质越高。

	米·水·曲		米·水·曲+酿造酒精
特定名称的酒	纯米大吟酿	50%以下	大吟酿
	纯米吟酿	60%以下	吟酿
		70%以下	本酿造酒
普通酒	纯米酒	精米度	普通酒

---

① 清酒酿造之前要对大米进行研磨，精米度指一粒大米研磨后剩余的比例。

22 美味的味噌和霉菌有什么关系

味噌是日本人餐桌上不可或缺的调料，日本各地有各种各样的味噌。但是大家知道味噌是用霉菌发酵制成的吗？这一节就让我们看一下味噌和霉菌的关系。

◎日本各地的味噌

日本有各种各样的味噌，大体可以分为三种：

第一种是米味噌，分布最为广泛。制作时，要先在大米中加入曲种，制成米曲，再拌进黄豆、食盐制成。日本各地的米味噌可以分为白味噌、红味噌，咸口、辣口等种类。

第二种是豆味噌，其中日本爱知县三河等地区生产的八丁味噌最负盛名。这种味噌直接把曲种涂抹在黄豆上制成豆曲，然后再把豆曲和黄豆、食盐混在一起制成味噌，其特点是水分少，风味醇厚。

第三种是麦味噌，在日本九州、四国的一部分地区比较常见。这种味噌的制作是在黄豆和食盐中拌入由麦子制成的麦曲。麦味噌的特点是颜色较淡，并且有轻微的甜味。

除此之外，还有许多变种味噌。当然不同地方的制作方法原本就各不相同，而且就算制作方法相同，在不同地方制出来的味噌味道多多少少也会有差异。以前每家的味噌都有独有的味道，因为大家都对自己家的味噌非常有自信，所以就留下了"手前味噌"^①这个词。

◎如何制作出美味的味噌

那么味噌是怎么制作出来的呢？我们先来看一下米味噌的制作方法。

米味噌的制作首先从米曲的制作开始。高品质的大米蒸好后，要撒上曲菌的菌种，之后让撒有曲菌的大米"睡上"48个小时，这段时间曲菌大量繁殖，如此一来曲的制作就完成了。这个过程中使用的曲种是黄曲菌，是米曲霉菌的一种。

接下来就是煮黄豆。把煮好的黄豆碾碎铺开，完成散热后，按照恰当的比例将米曲、黄豆和食盐装进容器中。为了尽量减少容器中的空气，在填装原料的时候，就要用脚把原料踩实。这个步骤不仅能减少容器中的空气，抑制杂菌的活动，而且能使曲霉菌、乳酸菌和酵母菌更好地发挥作用。填装进容器中的味噌原料，缓缓地发酵熟制，最终形成了具有独特色、香、味的味噌。

◎白味噌和红味噌

味噌有白味噌和红味噌，这二者的区别在于制作方法。白味噌是将黄豆煮熟之后，把汁水分离出来；红味噌在制作的时候会把黄豆和汁水全部利用起来。味噌的褐色其实是黄豆中的成分发生化学反应后产生的，但是由于制作方法的不同，同一类味噌成品的颜色

---

① 自我夸赞的意思。

也会有一定的区别。发酵时长也很重要，时间越长，颜色越重，最后就会形成红味噌。

◎味噌的风味

味噌的原料——黄豆中含有丰富的蛋白质，同时也含有大量的淀粉。在米曲菌中的酶的作用下，蛋白质被分解成氨基酸，淀粉被分解成糖。其中氨基酸就是鲜味的来源，而糖则是甜味的来源。另外制造过程中，在加入的耐盐性酵母和耐盐性乳酸菌的作用之下，还会产生酒精和乳酸，更为味噌增加了独特的风味。乳酸恰到好处的酸味能抑制其他杂菌的繁殖，还能防止味噌的腐败。

◎味噌和健康

日本近年的研究发现，味噌具有抑制癌症和预防糖尿病、高血压的效果①。与其他的食品相比，味噌中的盐分更低。而且如果在味噌汤中多加一些不含盐或者含盐量比较低的食材，那么同样的一碗汤里，味噌汁的量就会更少，人摄入的盐分也会更低。

---

① 在日本的对比实验中，每日摄入味噌汤的一组和不摄入味噌汤的一组人相比，许多数据都有差异。摄入味噌汤的一组人患上癌症、糖尿病和高血压的风险更低。

23 淡口酱油其实含盐量最高

支撑着日本饮食文化的酱油，其实也是通过微生物制作出来的。酱油特有的制作方法中，不同的微生物会在不同的阶段发挥自己的作用。

◎制曲

制造酱油的第一步，就是在主要原料黄豆和小麦中种植曲菌。

曲菌能分解许多种物质。蒸好的黄豆中的主要成分——蛋白质会被曲菌分解成氨基酸，小麦的主要成分——淀粉则会被分解成糖。这个过程在制曲的全过程中有举足轻重的地位。种好曲菌后不久，曲菌就会伸出菌丝并不断生长，这时为了给曲菌送去生长所需的空气就要翻动和搅拌原料。而为了让更多的空气进入其中，就需要用双手搅拌加工一下原料。

◎装料

制好的酱油曲中要加入冷却的食盐水。曲和食盐水混合后的物质叫作"醪"。下一步就是将它装入桶中冷却成熟，在这个过程中乳酸菌就会发挥作用。通过乳酸发酵，醪会慢慢偏向酸性，这样一来，其他的菌类就很难继续在原料桶中发挥自己的作用。

下一步是要在冷却成熟后的"醪"中加入酵母菌，酵母会继续分解糖分，形成酒精。这里的酒精和之前活跃的乳酸菌产出的各种有机酸发生反应，能让酱油具备复杂的香气和独特的鲜味。

在酵母菌勤勤恳恳的工作之下，酱油味道不断地变得厚重。所以熟制时间长的酱油口感更加醇厚。

◎压榨

完全成熟后的醪就会迎来被压榨的过程。把醪厚厚地堆在铺了布的木架上，在它自重的作用之下，其中的液体会被挤压出来。但是仅靠自重无法完全榨干净酱油，就要通过外部的压力来压榨。这一步榨出的液体部分就是生酱油。

经过压榨，剩余的固体部分就是酱油粕，可以用来制作家畜的饲料。

◎加热

生酱油中含有大量的微生物。虽然短时间放置没有问题，但是如果放置的时间较长，微生物群就会导致生酱油风味改变，所以要进行瞬间高温杀菌和对颜色的调整。大多数时候，酱油经过过滤、装瓶后就会进入市场销售。

◎酱油的种类

酱油主要分为五大种。大家在出门旅行时，有时候遇到自己吃不惯的酱油应该也会感到震惊。接下来我们来讲一下它们各自的特点。

· 浓口酱油

占据日本全国酱油市场 80% 以上的普通酱油，是日本酱油的代表。

· 淡口酱油

使用大量食盐发酵制作而成，颜色较清淡的酱油。因为颜色比较清亮，所以多用于菜品增色。淡口并不是味道清淡的意思，其实淡口酱油的最大特征反而是高含盐量。

· 溜酱油

日本中部地区出产的一种颜色厚重且十分黏稠的酱油，特点是鲜味浓郁，香气独特。

· 再酿造酱油

日本山阴地区和九州北部使用较多的一种酱油，口味和香气浓烈。其他的酱油一般给曲中加入食盐水来制作醪，但是再酿造酱油在这一步直接给曲中加入了生酱油来制作醪，所以叫作"再酿造"。

· 白酱油

白酱油的颜色比淡口酱油更浅，呈浅琥珀色，甜味较强，有独特的香气。

介绍了这么多种酱油，相信大家在使用的时候应该也非常关注酱油的含盐量。酱油中淡口酱油的含盐量最高为 18%，浓口酱油为 16%，减盐酱油为 9% 左右。希望大家在使用酱油的时候能够完美区分。

24　面包和松饼有哪些不同

面包和松饼都是以小麦粉为原料烤出来的食品。松饼很快就能出炉，但是做面包很花时间。那么这二者之间的差别到底是什么呢？

◎从原料来看二者的区别

面包和松饼都是蓬松绵软的食物，切面都是海绵状的，充满了气孔。这些气孔到底是怎么形成的？首先我们来看一下二者原材料的区别：

面包：小麦粉、水、砂糖、干酵母；

松饼：小麦粉、牛奶、砂糖、鸡蛋、泡打粉。

其中最大的区别就是干酵母和泡打粉。干酵母是处于干燥休眠状态的酵母菌，而泡打粉则主要以碳酸氢钠和一些酸性物质（酒石酸等）为主。

◎松饼膨胀的原因

松饼的做法非常简单。只需要把全部原料混合在一起，然后倒进煎锅中，用中火加热即可。慢慢地松饼就会膨胀起来，之后将其翻面，稍微再烤一下就可以出锅。在松饼中碳酸氢钠和酒石酸发生反应产生二氧化碳，使得松饼变得蓬松绵软。

◎面包膨胀的原因

使用酵母菌制作的面包在进烤箱之前有一个发酵的过程。发酵要用到酵母菌，这种酵母菌以做面包时加入的糖为养分，将其分解后产生二氧化碳和酒精。对酵母菌来说，发酵最适宜的温度是30~40℃。大多数时候，在面团二次发酵完成后就会被送入烤箱烤制。放入烤箱的面团在烤箱的高温烘烤下会变大一两圈，这是因为面团中的二氧化碳气体被加热后膨胀导致的。

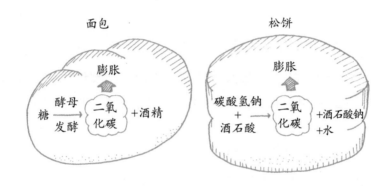

材料和做法不同（蓬松的原因都是二氧化碳）

在小麦粉中加水搅拌，小麦粉中含有的麦胶蛋白和麦谷蛋白两种蛋白质会逐渐变成同时具备黏性和弹性的谷蛋白（根据混合搅拌的方法不同，能制作出面包、乌冬面、蛋糕、麸等食物）。

酵母粉产生的二氧化碳的气泡被谷蛋白的黏性牢牢地保护着，不会破碎。这也是为什么做面包的时候要用高筋面粉，就是因为可以产生更多的谷蛋白，能保护好二氧化碳气泡不破裂。

如果超过了最适宜酵母菌活动的温度，达到了60℃左右，酵母菌就失去了活性。而烤炉中的温度直接超过了100℃，所以面包中的酵母菌全部都会被烤死。

◎天然酵母和干酵母

我们有时候会看见一些用天然酵母做的面包，这里的天然酵母到底是什么呢？实际上我们所说的酵母菌并不是某一种具体的微生物，而是没有运动性的真核微生物的统称。

干酵母是通过工业方式纯粹培养出的干燥的酵母菌。"天然酵母"则是葡萄等果实上附着的酵母，由于没有经过纯粹培养，所以在使用中其温度管理比较复杂，而且与干酵母相比，天然酵母的发酵力更弱，发酵花费的时间更长。但是与此同时，因为用天然酵母最后做出来的食品风味独特，所以备受青睐。

25 啤酒的气泡是微生物呼吸产生的吗

许多人喝啤酒的时候非常重视啤酒的泡沫。其实啤酒泡沫的成分和其他的碳酸饮料一样，都是二氧化碳。那么为什么同样都是气泡，啤酒的气泡就能保持那么长的时间呢？

◎啤酒的成分

啤酒是由麦芽、啤酒花、米和玉米粉制成的。那么这些原料具体是如何使用的？让我们来了解一下啤酒酿造的大概过程：

①使大麦发芽，长出麦芽。晾干麦芽，使之停止生长，并去除掉根部，只留下麦芽部分。

②粉碎麦芽，加入大米、玉米淀粉一起煮熟，在此过程中淀粉被分解产生麦芽糖。给留下的液体中加入啤酒花后装进桶中，得到麦汁。

③在麦汁中加入啤酒酵母，放置一周左右。酵母运动活跃，以麦芽糖为养分，一边释放出大量二氧化碳，一边将麦芽糖转化成酒精。将发酵完成的液体过滤之后，装进瓶或罐中就是啤酒。

啤酒酵母的作用并不简单。上面发酵酵母在啤酒酿造过程中，活跃在啤酒表面，而下面发酵酵母则在装瓶之后，活跃在瓶底。上面发酵酵母和下面发酵酵母的平衡关系赋予了啤酒独特的风味。

◎气泡到底是什么

我们已经了解了啤酒的泡沫是啤酒酵母活动的产物——二氧化碳。

那么为什么啤酒泡沫能保持很长时间呢？和啤酒一样，在酵母呼吸作用下产生二氧化碳的饮料，还有香槟和一些发泡酒，但是它们的泡沫都没有啤酒泡沫保持的时间长。为什么只有啤酒的泡沫能坚持那么长的时间不破裂呢？原因还是啤酒的成分。

麦芽中含有的蛋白质和啤酒花中含有的树脂成分结合在一起，就会形成比较坚韧的泡沫。而且当我们舔到酒杯中残留的啤酒泡沫的时候，会感受到强烈的苦味，这是因为苦味成分集中在了啤酒的泡沫中。

啤酒泡沫不仅比较美观，而且由于啤酒泡沫阻隔了空气，能使啤酒原有的风味一直保持到啤酒泡沫消失为止。

◎啤酒怎么样最好喝

啤酒最美味的喝法应该是将啤酒冷藏至 5～8℃，一边享受啤酒的泡沫，一边品尝清爽的香味。不过如果杯子中有油脂，泡沫就会消失，所以一定要提前把杯子中的油脂洗干净。

26 葡萄酒是怎么酿出来的

不加一滴水，只用葡萄酿出来的酒就是葡萄酒，不同葡萄酒的风味和颜色由葡萄的品种和制作方法决定。这一节我们来看一下葡萄酒是怎么酿出来的。

◎白葡萄酒和红葡萄酒

酒液透亮的白葡萄酒是去除了葡萄的果皮和种子之后制作的葡萄汁发酵而成的，而红葡萄酒则是将带有黑色果皮的葡萄，连同果皮和种子一起打碎后发酵制成的。果皮中的红色素和种子中的苦味成分单宁分别赋予了红酒的颜色和微涩口感。玫瑰红葡萄酒酿造方法有两种，一种是直接去掉果皮进行酿造，另一种则是适当保留黑葡萄的果皮，给红酒上色。无论哪一种，使用葡萄汁进行酿造这一点是共通的。

◎酵母菌在这里也会发挥作用

在葡萄酒制作中，除了果汁还需要用到酵母菌。现在常用的酵母菌主要是酿酒酵母，以葡萄汁中的糖分为基础生成乙醇和其他各种各样的成分。

酒精不止乙醇一种，以葡萄汁为基础，酵母菌能生产 20 多种酒精。不仅如此，使用的酵母不同，葡萄酒的香气和激发单宁涩感的方式也会发生改变。也就是说，红酒的品质同时取决于葡萄和酵母菌两个方面。

◎酵母的种类

和面包一样，现在葡萄酒界也在争论"到底是天然酵母好还是人工培养的酵母好"。这里说的天然酵母，就是直接使用葡萄皮上的菌类进行酿造，但是最终产生的物质除了人们想要的乙醇之外，还可能会产生其他的东西。为了规避这一问题，最好有选择地培养和使用酵母。现在为了减少失败，直接制造出符合预期的葡萄酒，人们越来越多地使用人工培育的酵母菌。并且现在还出现了转基因酵母，使得在短时间内高效地酿造葡萄酒成为可能。

◎高级的"贵腐葡萄酒"

如果具备了适宜的气候条件，同时葡萄成熟得刚刚好，灰霉菌就会在葡萄的果皮上繁殖，这种霉菌又被称为贵腐菌。贵腐菌会分解果皮上覆盖的蜡质物，失去了这层保护，葡萄中的水分就会不断蒸发，糖度也会不断浓缩，这就给葡萄增添了独特的风味。使用这种葡萄的果汁能酿造出口感甘甜的贵腐酒。

观察贵腐酒的成分表就可以发现，大多数时候亚硝酸盐都赫然在列。因为亚硝酸盐会抑制葡萄酒的氧化，同时还能抑制一些有损葡萄酒品质的微生物的繁殖。[1]

---

[1] 欧洲的一些国家有一边吃生牡蛎，一边喝葡萄酒的习惯。在对其中一些国家进行的调查中发现，喝葡萄酒可以杀灭生牡蛎身上携带的一些可能造成食物中毒的病原菌。

27 醋酸菌的舞台不仅是餐桌还有尖端科技

做美食很重要的材料就是醋，而在欧美人的日常饮食中，西洋醋也是不可或缺的存在。那么这些醋都是怎么做出来的呢？

◎制醋的醋酸菌到底是什么

不管是亚洲的醋，还是欧美的西洋醋，虽然"国籍"不同，但是也有很多相通的地方。二者都有扑鼻的酸味，而且主要成分都是醋酸。

醋的原料主要是谷物和水果。谷物和果实通过酵母菌发酵，就会和啤酒、葡萄酒一样，得到含有乙醇的液体，也就是说可以酿出酒。制醋的时候，需要在前一步骤中得到的酒里加入醋酸菌。醋酸菌会使乙醇酸化，从而得到醋酸。醋酸菌比较喜欢酸性的环境，在这样的环境中会更加活跃。

自然界中存在着大量的醋酸菌。常见的情况是低度酒长期放置会被醋酸菌分解。这时酒的表面会形成一层醋酸菌的薄膜，慢慢地酒就会变成醋。醋酸菌是好氧菌，如果能一直接触到空气，醋酸菌的增殖速度就会大大加快，也就能制造出更多的醋酸。

◎葡萄酒醋

上文中提到了醋酸菌会分解度数较低的酒。其中的代表就是由葡萄酒制作而成的葡萄酒醋（把葡萄汁当作醋来使用）。

自古以来人们就知道，随着时间的流逝葡萄酒会变成醋，所以人们就开发出了用葡萄酒制醋的工艺。比如将葡萄酒稀释后放入瓶中发酵得到醋，或者把葡萄酒滴进带有醋酸菌的过滤器中，就能让葡萄酒更高效地转化成醋。其实葡萄酒醋并不少见，其中最有名的当数经过长时间发酵成熟的意大利巴萨米克醋。

◎醋酸菌贡献的另一种食材

醋酸菌还可以制造一种名为纤维素的纤维。例如，椰果就是使用醋酸菌和椰子水制作而成的食品。椰子水中的葡萄糖等成分形成的长长的链状结构就是纤维。而纤维会形成一种致密的网状结构，使得椰果的口感弹嫩紧致。

由醋酸菌等细菌形成的纤维素，能构成纤细致密的纤维网。这种纤维网强度高、生物分解性强，所以多应用于音响振动板、人工血管、创伤被覆材料和紫外线隔离材料等。可见醋酸菌不仅以餐桌为舞台，更能在许多尖端材料中发挥大作用。

28 鲣鱼节散发的香气和香味都归功于微生物吗

要制作一根鲣鱼节需要花费数月的时间。其中最重要的一道工序就是"上霉"的环节，这一环节需要重复数次才能得到香气和鲜味都丰富浓郁的本枯节。

◎制造鲣鱼节的全过程

鲣鱼节的制作要经过下图展示的复杂工序，鲣鱼节中的"节"指将鱼肉煮熟后，焙干（加热烘干）制成的食品。日本自古以来就有把捕到的鱼制成"节"保存起来的习惯。

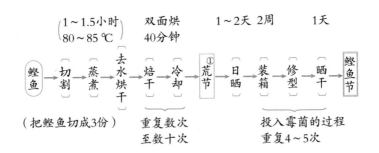

鲣鱼节的制作工序

出自: [日]村尾泽夫等《生活与微生物（修订版）》(p.59)，日本培风馆 1991 年版

---

① 煮熟后历经多次烟熏烘焙的鲣节称为"荒节"。——译者注

◎ "工作能力"超群的鲣鱼节霉

整个鲣鱼节制作工序中最重要的步骤是投入霉菌。投入过霉菌的鲣鱼节叫作"枯节"，而投入霉菌这一步重复 4 次，水分降到18%以下的鲣鱼节就叫作"本枯节"。这个过程中投入的霉菌是米曲霉菌的同类，发挥着下列作用：

1.逐步去除水分

鲣鱼节之所以能长时间存放，就是因为足够干燥。通过烘焙干燥可以使鲣鱼中的水分降到 20%～22%，但是如果停留在这个水平，鲣鱼节还是会腐败，无法长期存放。而投入霉菌之后，长在鲣鱼节表面的霉菌为了获取生长所需的水分，就会慢慢地从鲣鱼节中吸收水分，从而降低鲣鱼节内的水分含量，使鲣鱼节能够长期保存。

2.去除多余的脂肪

用鲣鱼节做的汤，表面不会漂浮油花。但是鲣鱼本身的脂肪含量很高，之所以没有油花是因为投入的鲣鱼节霉菌会产生一种叫作"脂肪酶"的物质，将脂肪分解成脂肪酸。而霉菌的生长恰好要消耗脂肪酸。

3.防止脂肪氧化

鲣鱼节中含有大量的高度不饱和脂肪酸，其中卵磷脂（DHA）占据脂肪含量的 25%以上。而上了霉之后的鲣鱼节，就算是长期存放，也不会出现氧化变质的情况。这是因为鲣鱼节霉菌在分解脂肪的时候，还产生了一些抗氧化物质。

4.使鲣鱼节具有特殊的香气

用鲣鱼节汤做出来的饭菜之所以好吃，是因为鲣鱼节本身具有层次丰富的香气和悠长的香味，能够提升鲜味。刚削好的鲣鱼节香气极其浓郁，据说其中含有 400 多种成分。鲣鱼本身的香气、蒸煮过程中发生美拉德反应①产生的香气以及烘干过程中的熏蒸香混合在一起，才有了鲣鱼节特有的芳香。

---

① 美拉德反应是加热糖类和氨基酸的时候，出现褐色物质的反应，此过程中会产生独特的香气。烤面包时，烤焦的部分也会发生美拉德反应。

29 为什么酸奶又酸又黏

酸奶是用乳酸菌发酵鲜奶得到的乳制品。各地在制作酸奶时，使用不同的鲜奶和乳酸菌，就能制出不同种类的酸奶，目前人们也在研究酸奶对人类健康的影响。

◎乳酸菌是什么

乳酸菌是一种分解碳水化合物获得生存所需的能量，并且在此过程中生成乳酸的微生物。能够产生乳酸的细菌种类繁多，能将所消耗碳水化合物的 50% 以上转化成乳酸的细菌都叫作乳酸菌，根据形态可以划分为杆菌、双球菌、链球菌等种类。

乳酸菌不仅能用于制作酸奶，还能用于发酵黄油、熟奶酪、熟寿司、咸菜、味噌、酱油等的制作。以上这些乳酸发挥作用的过程叫作"发酵"。但是如果在日本酒的酿造过程中出现乳酸菌增殖，就会导致"火落"[1]，这种情况下，乳酸菌就导致了"腐败"。

◎酸奶是怎么做出来的

制作酸奶时，给加热杀菌后的牛奶（中国、日本用的是牛奶，世界各地还有使用山羊奶、绵羊奶和马奶制造的酸奶）中加

---

[1]　由于火落菌大量繁殖，导致酒浑浊发臭，品质严重受损的现象。——译者注

入完全培养的乳酸菌，然后在适当的温度下进行发酵就可以得到酸奶。乳酸菌不断增殖后会产生清爽的酸味，之后在酸的作用下乳蛋白质会变成布丁状。而酸奶独特的香气是由名为保加利亚乳杆菌的乳酸菌产生的乙醛释放出来的。随着发酵程度变深，酸性变强，导致食物中毒的有害微生物无法继续繁殖，这就提高了酸奶的安全性和保存性。

许多人乳糖不耐受，肠道菌群无法分解牛奶中含有的乳糖，所以喝了牛奶后会出现肠胃不调的情况。但是经过发酵的牛奶，其中的乳糖已经被分解，所以乳糖不耐受的人也可以尽情地享用酸奶。

◎里海酸奶的黏性是怎么产生的

"里海酸奶"是由里海和黑海附近的高加索地区带来的菌种制成的酸奶。一般来说，为了使乳酸菌的活动更加活跃，需要 40 ℃的温度。与之相比，制造里海酸奶的乳酸菌能在极低的温度下（20 ~ 30 ℃）快速增殖。里海酸奶代表性的高黏性，来自古雷莫利斯菌，这种菌能将单糖连接成多糖类（细胞外高分子有机物），使酸奶有了类似明胶的黏稠口感。

30 发酵黄油并不是让黄油发酵吗

我们在超市的卖场中见到的黄油，除了一般的黄油还有无盐黄油和发酵黄油。我们这一节就来看一下三者之间的区别。

◎黄油到底是什么

黄油的原料是牛奶，牛奶中含有乳脂肪。平常销售的牛奶，为了喝得更加安心，首先要进行均质化处理，将乳脂肪打散细化。细化之后的乳脂肪不会互相粘连在一起，而是一直游离在牛奶中。

但是黄油的原料是未经过均质化处理的牛奶，所以其中含有各种大小的乳脂肪颗粒。制作黄油时，需要持续搅动冷却后的牛奶，使乳脂肪颗粒互相粘连在一起，形成比较大的脂肪颗粒，并最终变成较大的脂肪块，这就是黄油。

在经过以上工序形成的脂肪块中加入食盐就是普通的黄油，如果不加入食盐就是无盐黄油。

◎发酵黄油

发酵黄油是高级黄油。那么发酵黄油又是怎么制作出来的呢？

年代久远的黄油被发现曾经引起了人们的关注。实际上欧洲使用黄油的历史可以追溯到非常早的时候。在冰箱出现之前，人们没有办法将牛奶稳定地储存起来。牛奶在放置的过程中，在乳酸菌的作用下就会进行发酵。以发酵后的牛奶为原料制成的黄油就是发酵黄油[①]，所以发酵黄油并不是普通黄油经过发酵得来的。

全世界范围内，欧洲使用黄油的历史最为悠久，发酵黄油一直处于主流位置。与普通黄油不同，通过发酵产生的各类物质使得黄油具有了独特的风味，发酵黄油现在也越来越受到亚洲人的喜爱。

◎自己也能制作发酵黄油？

将生奶油和未均质化处理的牛奶冷却后，不断搅拌，就能使乳脂肪凝固形成黄油。自己制作黄油的时候，首先需要在牛奶中加入乳酸菌，进行短时间的发酵（不超过 8 小时），使它变成酸奶油。在这个基础上，再按照制作黄油的程序，不断地搅拌，就能得到发酵黄油。

可见，黄油通过浓缩牛奶中的乳脂肪制作而成。不仅如此，人体中容易缺乏的维生素A在黄油中的含量是牛奶的10倍以上。

---

① 　黄油的主要成分是脂肪，所以它原本就无法自行发酵。

31 各种奶酪有什么不同

> 奶酪主要以牛奶为原料制成，微生物在其中发挥了重要的作用。但是奶酪的种类其实非常多，全世界甚至有1000多种奶酪。

◎动物的内脏曾经被用来制造奶酪吗

据说将新鲜的动物乳汁加工做成奶酪的历史可以追溯到史前时代，甚至很有可能早于人们驯化野生动物的时间。现在普遍的说法是，远古人类在用动物的内脏装奶的时候，偶然间得到了奶酪。

那么动物的内脏中到底有什么物质呢？其实牛和山羊在幼时，为了消化母乳都会分泌出各种各样的酶，即粗制凝乳酶。当时的人类可能用了一个有凝乳酶残留的动物内脏装牛奶，结果牛奶不知不觉中就变成了奶酪。

现在一些高级奶酪在制作的时候还会用到小牛分泌的粗制凝乳酶，但是大多数时候用的都是它的替代品——利用霉菌制作的微生物凝乳酶。凝乳酶使牛奶中的酪蛋白凝结起来，为制造奶酪做好准备。

◎鲜奶酪

莫泽雷勒奶酪等鲜奶酪，都是使牛奶中的酪素凝固而制成的。

牛奶中除了蛋白质之外，还含有许多其他的物质。乳蛋白可以在凝乳酶、醋和柠檬的作用下凝固。如果给热牛奶中加入这些物质，蛋白质就会凝集，形成固体漂浮在无法凝结的乳清的上方，将这些固体收集起来压制定型就能得到鲜奶酪。

◎白干酪

以卡芒贝尔奶酪等为代表的白干酪，表面生长着白色的霉菌。制作白奶酪时使用的霉菌是青霉菌的同类。随着霉菌数量的不断增多，奶酪内部的成分不断地被分解，就会发出类似氨的气味。如果食用霉菌处于活体状态的白奶酪时，要注意阅读标签上的提示语。当然也有一些白奶酪使用罐头密封包装，这种情况下，霉菌会自然而然地死亡，发酵也就不会进一步加深。

◎蓝纹奶酪

戈根索拉等有名的蓝纹奶酪也使用了青霉菌来制作奶酪。制作时要给整个奶酪中植入青霉菌，使之熟化。因为霉菌的生长需要空气，所以制作蓝纹奶酪的时候不需要把奶酪压得十分紧实，从而蓝纹奶酪就有了质感疏松的特征。

◎加工奶酪

上文我们说到了各种有代表性的奶酪，目前市面上流通的奶酪大多都是加工奶酪。加工奶酪是将各种天然干酪混合在一起，加热融化之后再冷却凝固得到的奶酪。由于这个过程中杀死了霉菌和细菌，所以奶酪不会进一步熟化，更适合长时间保存。与之相对，通过发酵制成，发酵不断深化的"有生命的奶酪"叫作天然奶酪。

据说每制作 100 克奶酪需要使用 1000 克牛奶，也就是说奶酪浓缩了牛奶的精华。因为有一些奶酪的盐度比较高，所以如果对盐度有要求的话，可以选择盐度更低的奶油奶酪和鲜奶酪。

32 渍菜中蕴含了蔬菜储存的智慧吗

> 味道鲜美、颜色鲜亮的渍菜最为下饭。渍菜之所以好吃，很多时候也和微生物有密不可分的联系。这一节我们来看一下微生物和渍菜的关系。

◎防腐的智慧

渍菜就是日本咸菜，常见的渍菜是在黄瓜、茄子、野泽菜和芜菁等蔬菜以及水产中加入食盐、酒粕、醋和米糠等材料，共同腌制一段时间后，才能摆上餐桌。日本各地都有当地代表性的渍菜，例如红芜菁渍、奈良渍、千枚渍、野泽菜渍、柴渍、泽庵渍、壶渍和福神渍等。

渍菜主要分为两种，一种是只要腌入味就能吃的渍菜，另一种是需要一个月至半年的时间腌制熟化之后才能吃的渍菜。入味之后就能吃的渍菜不需要进行发酵，而需要熟化的渍菜大多数时候都有发酵作用参与其中，发酵过程中微生物释放出的酸性物质能够抑制蔬菜的腐败。

接下来以野泽菜渍的腌制方法为例，来解释一下渍菜的做法。制作野泽菜渍需要在秋末的时候，将新鲜的野泽菜放进木桶腌制。按照一层野泽菜一层食盐的顺序反复堆叠，最后在顶部压上一块重物。经过 1~2 天，在渗透压的作用下，野泽菜中的水分就会析出来。

这时的野泽菜色泽鲜绿，口感也比较单一。但是如果腌制时间超过了 3 个月，野泽菜就会开始泛黄，并且带有了酸味和鲜味，口味层次变得更加丰富。腌渍后的野泽菜保存时间可达半年，如果没有腌渍，野泽菜很快就会腐烂或者发蔫，自然也就没办法继续端上餐桌，所以腌制渍菜是一种防止食物腐败的手段。

◎罕见的渍菜

有一种渍菜，在腌制过程中不需要加入食盐，这就是日本长野县木曾地区的特色咸菜。这种腌菜是选用十字花科蔬菜的叶子放进木桶腌制，同时把晾干的咸菜当作引子加入木桶中，提高渍菜的酸性，这样一方面抑制了杂菌的繁殖，另一方面还能促进乳酸菌的繁殖。

◎给渍菜增味的微生物

大家知道渍菜发酵中，都有哪些微生物参与其中吗？

糠渍菜中，乳酸菌发挥了重大的作用。但是乳酸菌本身就有很多种，在渍菜腌制中，发挥主要作用的是能分解植物成分的乳酸菌。渍菜放入罐中之后不久，各种细菌就开始大量繁殖，其中乳酸菌中的乳酸球菌也会大量繁殖。随着时间推移，渍菜的酸度很快就会不断上升，原本大量存在的杂菌开始不断减少，取而代之的就是快速增加的乳酸杆菌和酵母菌。

101

乳酸菌不断增殖，渍菜的酸味就会增加，但是渍菜的味道却不单纯只有酸味。这是因为蔬菜中含有的淀粉和蛋白质也会在微生物的作用之下，被分解成糖和氨基酸，给渍菜增添鲜味。

◎渍菜和健康

很多人都认为，在乳酸菌等的作用之下制作出来的渍菜对人的身体有好处，这基于乳酸菌进入人体之后，能使肠道菌群更加平衡的观点。但是实际上靠吃渍菜并不能达到这样的效果。

相反，大量吃渍菜反而有可能会让人摄入过多的盐分，所以无论多好的食物，只有均衡适度才更加有益健康。

33 美味的泡菜是乳酸菌制成的吗

> 提到韩国代表性的食物，人们会想到鲜辣爽口的泡菜。原本泡菜是人们为了应对冬天蔬菜短缺的问题，储存下来的储备菜。在泡菜的制作中，乳酸菌发挥着重要的作用。

◎冬天的储备菜

泡菜最初是朝鲜半岛的人们为了应对冬天蔬菜短缺的问题存下来的储备菜。提到泡菜，人们首先会想到用辣椒腌渍的大白菜。但是韩国的泡菜不只有辣白菜，还有用黄瓜腌渍的韩式辣黄瓜和用萝卜腌制的韩式辣萝卜等，种类非常丰富。韩国本土的泡菜有一些甚至在日本根本吃不到。

◎通过乳酸发酵制作泡菜

我们以最具代表性的白菜为例，来说明一下泡菜的制作方法。

虽然在腌渍之前，要清洗白菜，但是白菜上还是会留下许多杂菌。其中就有一种十分活跃的杂菌叫作乳酸菌。乳酸菌在活动过程中会产生乳酸，使辣白菜的腌汁变酸，这样一来不仅能抑制杂菌繁殖，还能利用白菜中的一些物质制造出各种维生素。

辣白菜本来就是天气冷的时候才能制作的食物，这也和乳酸菌的活动有关系。如果气温变高，醋酸菌就会开始活动，进行醋酸发酵①，有的人制作的辣白菜不断变酸就是醋酸菌大量繁殖导致的。一旦开始醋酸发酵，乳酸菌就会死亡，辣白菜的味道和营养价值都会一落千丈。

◎鱼酱的使用

制作辣白菜的时候还要用到鱼酱等腌咸的鱼肉。所谓鱼酱，就是在新鲜的鱼身上涂抹食盐后发酵而成的食物。在鱼内脏等部位中所含的酶的作用之下，蛋白质等被分解形成了可以带来鲜味的谷氨酸等氨基酸类物质，鱼肉也变得黏软，最后经过过滤就可以得到鱼酱。在日本，用雷鱼制成的盐汁等鱼酱非常有名。

韩国则常用黑背鳀和玉筋鱼制作鱼酱。鱼酱等动物蛋白质能够赋予辣白菜独特且层次丰富的口味。渍菜本身就是反映家庭口味的一种食物，根据自家的食谱不同，有的人还会加入一些小虾。经过发酵，动物蛋白被分解后，就会变成鲜味成分。

虽然泡菜是一种储备菜，给人非常耐存放的感觉。然而与其他的渍菜相比，实际上它的保存时间并没有明显的优势。如果仅仅追求泡菜本身的味道，那么把泡菜放在冰箱中保存，并尽早食用才是最优选择。

---

① 气温低时乳酸菌占优势，但是气温升高后，醋酸菌就会占上风。

34 纳豆的鲜味和黏性是怎么产生的

在日本传统美食纳豆的制作中发挥着重要作用的纳豆菌，如果所处的环境恶劣，为了生存下去它们就会变成孢子的形态。变成孢子形态的纳豆菌甚至能在 100 ℃ 以上的高温中生存下来。

◎土壤中枯草菌的同类

日本的传统美食——系引（拉丝）纳豆，在制作时需要将黄豆煮熟之后，放入稻草包中保存，依靠不稳定的自然发酵制作。但是人们会发现某一个稻草包中的纳豆制作得比较成功，而其他的稻草包则经常会失败。1884 年，人们从纳豆中分离出来了一种杆菌，并将其命名为纳豆菌。纳豆菌和生活在土壤中的枯草菌是同类。

使用了引子（开始发酵之前加入的微生物）之后，纳豆的品质越来越稳定。现在日本市面上售卖的引子大多是将纳豆菌的孢子溶化并分散在蒸馏水中的溶液。

◎孢子的形成需要严苛的压力

包括纳豆菌在内，微生物拥有在变化多端的环境中生存下去的能力。为了适应这些纷繁复杂的环境，微生物本身就携带有一些能够在危险的环境中保全自身，并在恶劣的环境中生存下去的基因。制造孢子的基因就是其中的一种。

如果失去了周围的营养源，许多细菌就会死去，但是纳豆菌则会变身成孢子。孢子本身被一层坚硬的外壳包裹着，能够抵抗高温、干燥和射线等物理刺激，也能抵抗各种化学物质的刺激。

为了把纳豆菌制成引子，就需要给纳豆菌的营养细胞（能重复分裂的细胞）施加压力，营造出一个纳豆菌能勉强生存下去，但是并不舒适的环境。变成孢子形态的纳豆菌具有很强的耐热性，甚至能够在100℃以上的环境中生存下去。所以蒸煮之后，在温度高于85℃的黄豆中撒上纳豆菌的孢子，也可以预防杂菌混入其中。

变成孢子、处于休眠状态的纳豆菌被撒进黄豆中后，就会发芽，并变成营养细胞，在黄豆中开始不断分裂增殖，最后将黄豆变成纳豆。

◎酿酒期间不能吃纳豆

纳豆的丝中，含有大量的纳豆菌。纳豆丝中含有的纳豆菌在营养源不足，生存环境恶化的情况下，会变成孢子。酿酒的时候，如果有孢子进入酿酒的环境中，会使酒曲被污染，变成"滑曲"①，造成巨大的损失。因此在酿酒的酒窖中，严禁吃纳豆。

◎纳豆的鲜味和黏性是如何形成的

纳豆的鲜味和黏性（纳豆的丝）对纳豆品质的影响非常大。首先，纳豆的鲜味有一部分来自黄豆中的物质，另一部分来自纳豆菌作用之下形成的物质。如果使用蛋白酶（一种分解蛋白质的酶）活

———————————

① 枯草菌等细菌进入酒曲中，使酒曲出现滑腻感，导致酿酒失败。

性较高的纳豆菌，那么纳豆中含有的氨基酸就会增加，纳豆的鲜味也会更强。

纳豆的丝来自聚谷氨酸（氨基酸中的谷氨酸聚合形成的高分子物）和果聚糖（多糖类）这两种高分子化合物。虽然说黏性越好的纳豆品质越高，但是在纳豆进入世界市场的过程中，许多外国人不喜欢纳豆丝成了纳豆走出日本国门的拦路虎，所以拉丝比较少的纳豆菌就被开发了出来。

◎空气中飘浮的纳豆菌

最近，使用日本能登半岛上空 3000 米高空中飘浮着的纳豆菌制成的纳豆引发了人们的讨论，这种纳豆甚至出现在了航空餐中，似乎是因为这种纳豆具备了口味圆润，气味小和黏性低的特点。

发现这种纳豆菌的是原本研究对象为黄沙的团队，他们认为纳豆菌正是乘着黄沙飘过来的。当时他们在数千米高空中采集到的空气里发现了活着的纳豆菌，并将这种纳豆菌和煮熟的黄豆混在一起发酵之后制作出了品质优良的纳豆。这个研究团队也因此提出一个观点，可能早在古日本，乘着黄沙而来的微生物就被用于食品发酵，并且深度参与了发酵食品的发展史。

35 日本人发现的"鲜味"到底是什么

世界公认的第五种基本味道"鲜味"是由日本人发现的。鲜味的来源谷氨酸等经常被用来制作调料，而这些物质都是由微生物产生的。

◎鲜味和谷氨酸的发现

20世纪初，人们认为基本味道只有甜味、酸味、咸味和苦味这四种，但是日本化学家池田菊苗认为在这几种基本味道之外，还有其他的基本味道，而且这种味道在昆布汤里十分明显。在1908年的时候，他在海带中发现了鲜味的来源——谷氨酸，并且给这种独特的味道取名为"旨味（鲜味）"，后来鲜味进入了基本味道的行列，成了第五种基本味道。

1866年，谷氨酸从小麦面筋中被分离出来，但是当时德国著名的化学家费歇尔对这个味道的评价是"难吃"。而池田之所以能发现谷氨酸是鲜味的来源，也许和日本人自古就有喝海带汤的文化传统有关，也可能和他生长于日本汤饭文化的发祥地——京都有关。

◎第二种和第三种鲜味物质以及鲜味的相乘效应

谷氨酸发现之后的第五年，也就是1913年，日本的小玉新太郎在鲣鱼节中发现了第二种鲜味物质——肌苷酸①。之后

---

① 肌苷酸本身没有味道，但是它和组氨酸这种氨基酸结合在一起的合成物，就形成了鲣鱼节的鲜味。

在 1957 年，在山字牌酱油上班的日本人国中明从干香菇里发现了第三种鲜味物质——鸟苷酸。三种鲜味物质中谷氨酸属于氨基酸，而肌苷酸和鸟苷酸则属于核酸。

1960 年，国中明在给谷氨酸中加入了少量的肌苷酸和鸟苷酸之后，发现鲜味明显增强了许多，这种现象叫作鲜味素的协同效应。这也是为什么用海带和鲣鱼节或者干蘑菇煮出来的混合汤，要比单独使用海带或者单独使用鲣鱼节的汤鲜味浓郁许多。

◎为什么要有鲜味

体重 50 千克的人，体内含有 1 千克左右的谷氨酸，大约占据人体重量的 2%，占比非常大。这 1 千克左右的谷氨酸中，约有 10 克是游离型，不会和其他物质相结合，而剩余的 990 克则属于结合型，需要和其他的蛋白质或者肽结合在一起。

人在生长过程中，为了保证身体健康，必须从食物中获取蛋白质。而能感受到谷氨酸鲜味，就是食材富含蛋白质的标志。肌苷酸和鸟苷酸同样也可以告诉人们某种细胞中含有蛋白质。

◎使用微生物来生产谷氨酸

谷氨酸作为一种鲜味剂，进入市场是在 1909 年[①]。当时的制作方法是给小麦等原料中的蛋白质加入盐酸溶液分解合成谷氨酸。但是第二次世界大战后，日本陷入了粮食荒，人们严厉批评使用小麦蛋白获取谷氨酸的做法浪费了宝贵的粮食，再加上当时

---

① 最初进入日本市场的鲜味素调料是"味之素"。

一些人抱着少量谷氨酸就能让饭菜美味加倍的想法，希望通过这种方式能改善人们的营养状态，于是开始投入利用微生物来生产谷氨酸的研究中。

让微生物过剩合成对其本身十分重要的谷氨酸，并将多余部分排出到细胞外。最初人们都认为这种想法太脱离实际，并对这种做法持质疑态度。但是在找到可用微生物的独特方法和最新的分析技术的协同之下，最终从各地采集到的 500 个微生物样本中，发现了谷氨酸合成效率极高的细菌。这种细菌发现于日本上野动物园混杂鸟粪的泥土中，而且最终人们确定这种谷氨酸产生菌能够产生氨基酸，并且带有鲜味。就这样 1956 年氨基酸发酵制法面世。

◎把你的愿望交给微生物

在谷氨酸微生物合成法发现之后，人们开始寻找能产生鸟苷酸和肌苷酸等核酸系鲜味物质的微生物。最后仍然是由日本人发现了相应的菌类，这就是盘尼西林属的青霉素。支持他们研究的是前辈们的一句话"要是能这样就好了，如果你有这样的愿望，先把这个愿望交给微生物"。

在这样的背景下，世界上核酸发酵制法于日本诞生。

第四章

作为分解者的
微生物

36 微生物在堆肥中发挥着什么作用

> 堆肥就是将家畜的粪便和稻草、稻壳等有机物堆积在一起，利用生物的力量发酵将其制成肥料的过程。那么在堆肥的过程中，微生物发挥着什么样的作用呢？

◎微生物的作用和发热

以含有碳水化合物、脂肪和蛋白质等有机物的物质为原料，将微生物引入其中，将其分解的过程就叫作堆肥化。厨余垃圾和水分较大的家畜的粪尿在堆肥过程中，要加入稻壳和锯末等，使整体的水分含量降到60%以下。

堆肥的过程大体可以分成两个阶段。第一个阶段，碳水化合物等有机物被分解，分解产生的能量成了微生物快速增殖的能量源。这个过程中不断产生的热量使堆肥的温度达到50～80℃。虽然每一个微生物个体发出的热量非常小，但是数量庞大的微生物产生的热量聚集在一起，就会非常可观。以前的人们会利用这个热量，趁机在堆肥盖起来的土地上播撒作物的种子，利用微生物产生的热量来加速种子发芽，这里发热的地方就叫作温床。

在高温作用下，原来堆肥中的水分被蒸发，堆肥整体的水分浓度就会降到40%左右。这中间非常活跃的微生物主要是在高温状态下能生存和繁殖的嗜热菌。这种细菌在60℃的环境中，能够积极地发挥作用，而且高温也能杀灭大多数病原菌和寄生虫卵，并摧毁杂草的种子，也只有完成了这一过程才能形成安全的堆肥。如果堆肥化不彻底，家畜粪尿中的寄生虫卵没有被完全杀灭，就可能会附着在作物上，被人吃进体内。

接下来就是第二阶段。在第一阶段没有完全分解，还需要花费更长时间才能分解的蛋白质、脂肪、纤维素和木质素等有机物会在30～40℃的温度中慢慢分解。这是堆肥的成熟阶段，这阶段增殖的微生物比第一阶段的更多样，包括硝酸菌、亚硝酸菌、纤维素分解菌、真菌和发散菌等。在这些微生物的作用下堆出的肥料整体质量更优，且更均衡。

◎堆肥时和使用时的注意点

为了堆出优质的堆肥，堆肥的基础原料、水分、空气、微生物、温度和堆肥化时间等条件都要完备。其中，水分含量非常重要，如果含水量过少，微生物的增殖就会被抑制，堆肥化的进程就会比预期慢。但是如果含水量过大，就会导致空气含量不足，厌氧菌大量滋生，发出恶臭。

堆肥最理想的水分含量是55%～70%。以厨余垃圾做堆肥原料的时候，如果不做任何处理，含水量就会超过需求，所以就要通过控水、晾干或者给堆肥的原料中加入锯末和干草的方式，将水分降到60%以下。

堆肥在使用时也要多加注意。因为如果使用了堆肥化前或者堆肥化不彻底的肥料，不仅会产生恶臭，还会导致土壤中微生物急剧繁殖，并招致有害菌增殖。微生物快速繁殖期间会散发热量，并消耗土壤中的氧气和氮气，所以可能会妨碍作物的生长。不仅如此，如果杂草的种子和寄生虫卵没有被完全杀灭，就会导致杂草丛生或者寄生虫附着在作物上等问题。为了减少这些问题，堆肥化的过程一定要彻底。

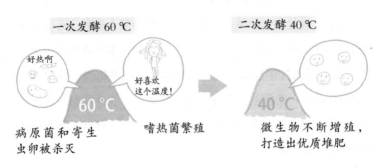

堆肥的制作方法

◎不添加其他特定的微生物

有人曾经推荐过能在厨余垃圾堆肥化中发挥作用的特定品种有效微生物群，但是这并不是说只有特殊的微生物材料才能用于堆肥。只要按照程序一步一步去做，堆肥化自然会顺利进行。自然界中能够促进堆肥化的微生物有许多种。所以在堆肥的时候，应该事先想好需不需要特定的微生物材料，能不能用其他微生物代替。

◎堆肥的作用

堆肥的作用大体可以分为两种。

一是处理废弃物。家畜的粪便和吃剩的食物、丢弃的食品以及稻草和谷壳等农业废弃物等如果放置不管，就只能变成垃圾。但是如果进行过堆肥处理，不仅能减少垃圾的量，还能当作农用肥料和土壤改良肥料来循环利用。

　　二是使用堆肥能够增加土壤的透气性、透水性和养分保持能力，提升地力。因为堆肥还能作为一种优质的有机肥料发挥作用。综上可见，堆肥通过各种方式在支持我们的生活。

　　在现代社会，如何减少垃圾排放早已成了一个亟待解决的问题。厨余垃圾如果直接排放就会给环境造成极大的压力，如果能将其进行堆肥处理，不仅能减少垃圾排放，也能借助微生物的力量使之成为有用的肥料。

　　读者朋友们，大家有条件的话也可以尝试着把家里的厨余垃圾堆肥化，来踏出自己迈向循环社会的第一步。

37 下水处理和微生物的关系

家里排出去的污水都去了哪里呢？其实在日本每个地区都不一样，可能会进入下水处理厂或者家用污水净化槽中进行处理，但是无论哪一种，微生物都发挥着重要的作用。

◎ 卫生间的水去了哪里

卫生间里的粪尿中除了水分之外，剩下的基本都是有机物。每个地区的粪尿处理方式各不相同。

下水道普及的地方，卫生间的粪尿全部会被冲进下水道。下水道连接着下水处理厂，集中在一起的下水在下水处理厂被集中处理之后，就会被冲进江河湖海中。与下水道相对，我们用的自来水，则来自上水道。

但是，世界上许多地方还没有普及下水道。2017年，在日本全国进行的调查显示，虽然日本下水道普及率平均值为78.3%，但是地区差异非常明显，德岛县为17.8%，东京为99.5%。

一些地方有真空清洁车定期抽走粪尿，将其运到粪尿处理厂进行处理。粪尿处理厂的构造基本上与下水处理厂相同。下水道尚未普及，且没有真空清洁车工作的地方，一般使用净化槽进行下水处理。净化槽中处理过的水，会通过道路两旁的排水沟排进江河湖海中。这些排进江河湖海中的被处理过的粪尿和下水，又会成为上水的原水。

◎使用微生物进行下水处理的机制

日本的下水处理厂使用最广泛的是活性污泥法，这是一种利用微生物的分解处理法[1]。

首先，要在沉淀池中去除下水中的固态物，然后将污水引入曝气池。这里是活性污泥的战场，所谓活性污泥就是细菌和原生动物等微生物大量聚集形成的柔软的泥花状物质。仅用肉眼观察到的活性污泥就是一摊污泥，但是如果用显微镜观察的话就会发现无数微小的生物。活性污泥中的细菌基本上都是好氧菌，只要有氧气就会非常活跃地进行呼吸作用，它们通过消耗氧气来分解有机物，并向空气中排放生成物。和我们人类的细胞一样，微生物依靠有机物等养分和氧气来获得能量，并且排出二氧化碳和水。

经微生物处理过的水最终会被送入二次沉淀池中，在澄清、消杀之后排进江河湖海。

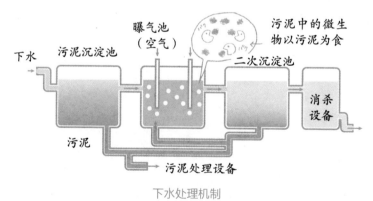

下水处理机制

---

[1]　下水处理厂的工作过程中所产生的污泥是有机质最终生成物聚集在一起形成的固体。

◎没有下水道的情况下，需要单独设置净化槽

　　净化槽有单独处理粪尿的单独净化槽，也有既可以处理厨房和卫生间用水，又能处理粪尿的合并净化槽。

　　净化槽的处理机制基本和下水处理厂的净化机制相同，但是单独净化槽的处理能力十分有限。合并净化槽要处理各种污水，这个环境对细菌来说更适宜生存，因此分解有机物的能力要比单独净化槽强许多。而且厨房污水中含有大量的有机物，无法用单独净化槽来净化。所以整体来看合并净化槽是更优选择①。

---

① 在日本，小型合并净化槽作为家庭中的迷你下水道，能够同时处理卫生间污水和生活废水。

38 自来水净化和微生物有什么关系

下水处理中使用微生物并不是什么稀罕事，但是实际上自来水净化过程中"缓速过滤"这一步中也使用了微生物。接下来我们将介绍一下它的历史和优点。

◎缓速过滤和微生物

我们用的自来水，要预先根据水源的种类、水量和水质进行各种处理。如果水源是水质比较好的地下水，那么只需要用氯气进行消毒即可，这一过程在小规模的净水厂里也能轻松完成。

净水处理中有一种由来已久的处理方法——缓速过滤。需要将原水引入装填了石块、砂石、碎砂的池子中，以极缓慢的速度进行过滤。位于池底但是在砂层上方的薄膜上附着着大量微生物，用于去除原水中溶解的物质和重金属等。

这个方法已经有 100 年以上的历史，据说当年为了预防伤寒和霍乱，日本从欧洲引进了这个方法。这种方法成本低廉，现在仍然用于较简单的自来水处理中①。但是这种方法速度太慢，每天只能处理 4～5 米深的水，处理量非常有限，仅相当于快速过滤的1／30，所以只适合处理一些水质稳定的优质原水，目前在

① 全日本处理量最大的缓速过滤池是位于东京都武藏野市的境净水厂，每天能处理原水 31.5 万立方米。

全日本的使用率不到 5%。有的缓速过滤池中还有鱼和昆虫等生物生活，让我们能感受到自来水处理中人类借助了生命的力量。

另外，虽然缓速过滤是一种古老的技术，但是在电力基础设施不完善的地方，不失为一种易于操作的净水技术，对发展中国家的援助中就有这项技术。

◎缓速过滤和高度净化水处理

相比之下，使用范围更广的净水技术是快速过滤法，给原水中投入药品，使水中的悬浮物凝集、沉淀，并使用砂石和碎砂层快速地（每天过滤 120～150 米）过滤澄清层。虽然这种方法能够快速地处理水，但是却很难除去水中溶解的物质，所以会导致产出的自来水味道差，有霉味。

特别是夏季的时候，水中溶解的有机物等物质，如果用原有的快速过滤法并不能完全将这些物质处理干净。这些物质会导致自来水有异味，同时和氯气反应后还可能会生成致癌物三卤甲烷。

受此影响，现在使用了高度净水处理的方法，来应对上述有害物质的问题。高度净水处理方法中也引入了微生物，用于去除溶解在水中的物质。

在进行快速过滤之前，首先要给水中注入氧气的同素异形体——臭氧。它的分子由 3 个氧原子构成，作为一种具有强烈腐蚀性的有毒物质，它的强氧化性也被用于除臭和杀菌。通入臭氧后，有机物质被分解，分解后的物质残留在水中。其次要将水引入生物活性炭吸附池中，在活性炭和活性炭颗粒上生活的微生物的共同作用下，可以去除臭氧分解出的有机物和氨气。

经过高度净水处理可以降低水中含有的三卤甲烷和霉臭，同时因为水中溶解物含量降低，所以漂白粉的味道①也能得到抑制。

以前，从日本江户川取水的金町净水厂（东京）等公司因为江户川的水质恶化，导致供给的自来水有严重的霉味和漂白粉味，所以用户的评价并不高。但是现在金町净水厂、三乡净水厂（东京）和新三乡净水厂（埼玉）都引进了高度净水处理技术，所以产出的自来水味道非常好，几乎可以与市面上销售的瓶装水相媲美。

可见不管是最新的净水技术还是最古老的净水技术，背后都有微生物在发挥着重要的作用。

---

① 漂白粉味道并不是氯气本身的味道，而是水中溶解的氨气等物质和氯气结合之后产生的。

39 转基因和微生物的关系

转基因技术的用途广泛，可以用于改良植物的品种，也可以用于生产药品等。大肠杆菌和酵母菌等微生物在这方面也发挥着重要的作用。

◎基因的结构与微生物相同

转基因技术的进步，使得人们可以自由地将基因（核糖核酸）切分组合，并放回活体细胞内。使用转基因技术可以使大肠杆菌产生人的荷尔蒙。人类之所以能做到这件事是因为大肠杆菌和人的基因结构基本相同，已经超越了微生物和动物的物种界限①。

◎实现转基因的方法

植物品种改良曾经要通过杂交来实现。例如要培养出味道好同时耐干旱的西红柿 3，可以将味道比较好的西红柿 1 和耐干旱的西红柿 2 杂交（见下页图）。但是 1 和 2 杂交，不仅可能得到 3，还有可能得到味道不好且不耐干旱的西红柿等其他品种，所以要从这中间选出我们想要的 3，必须经过复杂且长时间的操作。

---

① 关于这一点，法国生物学家莫诺曾经留下了一句名言——"适用于大肠杆菌的东西同样也适用于大象"。

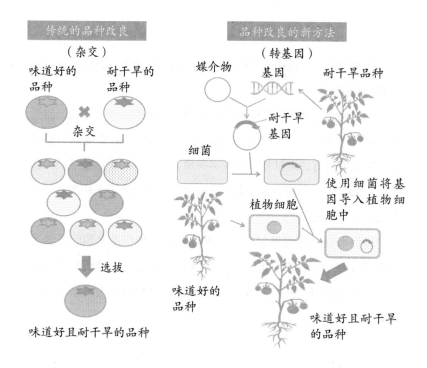

传统的品种改良
（杂交）

品种改良的新方法
（转基因）

味道好的
品种

耐干旱的
品种

杂交

选拔

味道好且耐干旱的品种

媒介物

基因

耐干旱品种

耐干旱
基因

细菌

植物细胞

使用细菌将基
因导入植物细
胞中

味道好的
品种

味道好且耐干旱
的品种

　　用转基因的方式来改良品种的过程中，首先要使用限制酶这把剪刀，将承担有用性状的基因，从西红柿的细胞中剪出来。然后放进名叫媒介物的基因"汽车"中，并用连接酶这种"胶水"将它们连接起来。当然媒介物也连接了抗生素的遗传基因。

　　搭载了耐干旱基因的媒介物感染了植物的细菌（根癌农杆菌）后，就会被导入西红柿的细胞中。通过抗生素的抗性可以了解到目的基因的导入是否成功。最后将选拔出来的细胞进行组织培养，就能得到味道好且耐干旱的新品种。

◎使用转基因来制造药品

转基因技术也被用于生产治病的药物和疫苗中，其中就包括胰岛素和疫苗。

糖尿病由于胰脏分泌的胰岛素这种激素供不应求所导致，需要注射胰岛素来治疗。以前使用的是从牛和猪的胰脏中提取的胰岛素，但是这种方法太过复杂且成本高昂，而且效果还远远不如人胰岛素。后来将人的基因导入大肠杆菌中，成功制成了人胰岛素，才解决了上述问题。

慢性肝病和导致肝癌的乙肝可以通过接种疫苗来预防（参考本书第 195 页），将乙肝病毒的基因编入酵母菌中制成的乙肝疫苗，给婴儿接种之后，效果明显，所以可以预想将来肝癌患者会大幅减少。

◎转基因食品的安全性

在转基因技术应用之初，人们就通过转基因技术给植物编入了可以抵抗虫害的基因。而这个基因来自昆虫的病原菌中所提取的毒素的基因，当昆虫吃进了带有这种基因的蔬菜，消化道内就会产生损害其消化道的蛋白质。但是人或者其他哺乳动物吃进这种蔬菜后，发挥作用的成分会在消化道中分解为氨基酸，所以并不会对身体造成损害。

转基因食品也要接受安全性审查，没有被完成检验的食品禁止在日本国内流通。所以既然可以作为食物在市面上流通，那么就可以确认它的安全性和其他的普通食品相同。

40 微生物能降解的塑料是什么

> 现在塑料垃圾已经造成了非常严重的问题。塑料给人们带来方便的同时，由于它不会腐败，从而造成了不小的危害。因此"可降解塑料"就受到人们的关注。

◎称霸材料界的塑料

二战之后，人类开始大规模制造和使用塑料。在此之前，人们使用的材料都是源自自然界的木材、岩石和金属等。

塑料具有非常多的优点，包括重量轻、不会生锈或腐烂、可以变成人们想要的各种形状、对外力的抵抗性强、性质稳定，而且价格非常低廉。

但也正是由于塑料不会腐烂（无法被微生物分解），所以就成了一种天下无敌的材料。木材都能被微生物分解，但是塑料就算碎成了细小的颗粒，大部分也无法被继续降解，所以就会永远地存在于自然界中。而塑料垃圾随着河流进入海洋之后，还会给海洋生物造成巨大的伤害。

◎可降解塑料是什么

为了解决这一问题，近些年人类开始大力研发能被微生物分解的生物可降解性塑料①，加入聚乳酸的材料就是其中的代表。它和塑料瓶的材料聚对苯二甲酸乙二醇酯（PET）同属于聚酯类材料。聚乳酸的原料是从饲用玉米中提取的淀粉，使用酶分解淀粉就能得到葡萄糖，再使用乳酸菌发酵葡萄糖就能得到乳酸，将大量的乳酸连接在一起就能得到聚乳酸。制造一张A4纸大小的聚乳酸塑料，仅需10粒玉米。

聚乳酸用途广泛，不仅可以用于制作垃圾袋和农业耗材等需要降解的材料，还能制造手机、电脑外壳等需要长久使用的材料。

可降解塑料在微生物的作用下，最终会分解成水和二氧化碳。除了聚乳酸之外，可降解的塑料还有聚己内酯②和聚乙烯醇③等。

聚乳酸

---

① 物质能被微生物分解的性质叫作可降解性。

② 主要用于制造垃圾袋和农业专用的多功能薄膜等。

③ 溶于水之后，制成洗涤粉。

41 抗生素是什么

　　过去有很多人因为传染病而死亡，现在这些传染病已经可以通过抗生素治愈。但是与此同时，一些抗生素无法杀死的耐药菌也成了棘手的问题。

◎阻碍其他微生物的发育

　　人类在过去很长的一段时间里，都笼罩在细菌感染所导致的疾病的阴影之下。但是现在，感染了传染病之后，束手无策的人们有了治疗的药物，就有能力与传染病斗争，其中做出重要贡献的当数抗生素。最初的抗生素指由某种特定的微生物生产出来，能抑制其他微生物增殖的物质。最近具备抗癌功效的物质也被纳入了抗生素的范围内。

◎弗莱明发现了盘尼西林

　　最先发现抗生素的是英国医生弗莱明。一战期间从军的弗莱明在战场上目睹了大量士兵受伤后出现细菌感染，最终感染扩散到全身引起败血病而亡。1928 年 9 月，休假结束的弗莱明在播撒了细菌的培养皿上发现了不可思议的事情，有青霉生长的四周没有细菌的影子。

　　对这一现象产生浓厚兴趣的弗莱明，成功地从活体青霉菌中提取出了抗生素——盘尼西林。之后通过其他研究人员的努力，实现了盘尼西林的量产，在 1944 年的诺曼底登陆中也得到了广泛使用[①]。

◎盘尼西林如何抑制细菌的增殖

盘尼西林及同类型的抗生素可以阻碍细胞合成细胞壁，从而抑制细胞的增殖。但是动物细胞中没有细胞壁这种结构，所以盘尼西林不会阻碍人体细胞的增殖。这种能阻碍细菌生长，但是不会阻碍动物细胞增殖的性质就叫作"选择性"，选择性越高，药物越好用。

盘尼西林等能够阻碍细胞壁合成的物质本身具有很强的选择性，而抑制结核菌的链霉素，能够作用于细胞中的核糖体，从而阻碍蛋白质的合成。链霉素类的抗生素的选择性仅次于盘尼西林。博莱霉素和丝裂霉素C能阻止细胞中DNA形成，所以它对细菌的选择性最低，经常用于抗癌药物中。

◎以靶向为依据区分抗生素

抗生素会阻碍微生物的增殖，但是对人体没有伤害。这主要利用了细菌和真核生物在细胞构造上的差异以及功能上的差异性，例如是否具备细胞壁。有了这些差异，人们才能制造出高选择性的抗生素。

下页图中展示了抗生素的靶向。医院里使用的抗生素大部分属

---

① 盘尼西林被誉为"神药"，据说盘尼西林的使用拯救了战场上数万名受伤的战士，使他们免于一死。弗莱明也因为发现了盘尼西林获得了 1945 年的诺贝尔生理学或医学奖。

于其中的某一种。其实大部分抗生素都有阻碍细菌蛋白质合成，或者阻碍细胞壁合成的效果。

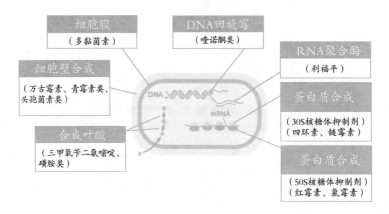

抗生素靶向细胞的构造和功能

出自：ALBERTS等《分子细胞生物学 第六版》，发表于2017年《日本牛顿科学杂志》（p.1293 图中截取），部分有改动

◎让人头疼的耐药菌

各种抗生素的开发让人们认为已经能够克服传染病了。但是世界上却接二连三地出现了抗生素无法应对的细菌。这些细菌叫作耐药菌，是现在抗生素面临的最大问题。

细菌在不断地进化，所以新的抗生素开发出来后的几年内，就会出现耐药菌。细菌会通过各种方法让抗生素无法发挥作用：1.改变构成抗生素靶向的分子；2.改变结构破坏抗生素；3.抗生素进入细胞内部，却被排放泵排出体外，无法到达靶向部位。

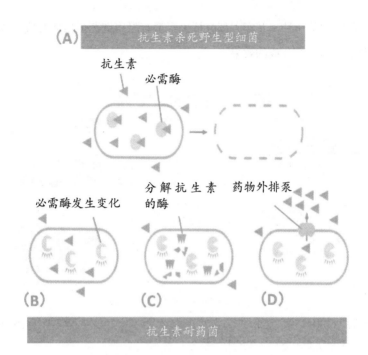

抗生素靶向细胞的构造和功能

出自：ALBERTS等《细胞的分子生物学 第6版》，发表于2007年《日本牛顿科学杂志》(p.1293)，图有改编

　　细菌一旦对抗生素产生耐药性，携带耐药性性状的基因就会传到同类细菌中，不仅如此，耐药性基因还会传到其他种类的细菌中。得了感冒或者流感、保持牲畜健康、促进牲畜发育等这些场景中，原本不应该有抗生素的身影，但是人类却动辄使用抗生素，让耐药菌问题越来越严重①。

①　万古霉素这种抗生素原本是应对交叉感染的终极武器，但是现在居然也出现了一些万古霉素的耐药菌。其原因就是为了牛的发育而使用了一些类似的抗生素。

第五章

引起食物中毒的微生物

42 到底什么是食物中毒

在我们的传统印象中，食物中毒就是沙门氏菌和金黄色葡萄球菌等细菌引起的。其实病毒也会引起食物中毒，所以到底什么是食物中毒呢？

◎ 所谓食物中毒

食物中毒是一个医学术语。宏观上看，食物中毒主要指饮食不洁导致的肠胃炎，但是从微观角度来看，其原因主要在于细菌感染、细菌产生的毒素影响以及病毒感染。长期以来，细菌感染以及细菌产生的毒素是造成食物中毒的主要原因，人类也因此吃了不少苦头。

◎ 与食物中毒的斗争

将食物晾干或者盐渍储存，以及剥皮烹饪和加热烹饪的手段不仅可以预防腐败，让食物更加耐储藏，而且在预防食物中毒方面也发挥了很大的作用。

但是，直到人类可以把制造出来的食物在低温环境下安全地送上餐桌之后，食物中毒发生的次数才大幅度减少。食品工厂和加工一线不断加强卫生管理、具备低温运输力的冷链不断发展、冰箱进入商铺和千家万户，让人们真正实现了食品安全。

　　就这样，细菌引起的食物中毒大大减少，但是家庭内部烹饪和钓上来的鱼如何处理等超出专业范畴的地方，仍然时不时地会出现食物中毒的现象。细菌所导致的食物中毒自古就有，相信了解了它对人们有百利而无一害。

◎病毒感染导致的食物中毒

　　一提到病毒感染人们就会想到感冒和流感。但其实病毒不仅会通过人传人传播，也会通过食物来传播。导致食物中毒的病毒有诸如病毒、轮状病毒、甲肝病毒和戊肝病毒等。有时候传染性较强的诺如病毒等导致的疾病并不会被归入食物中毒中，但是就算将食物引起的肠胃炎归入食物中毒中，其中由细菌导致的只有一成左右，而病毒导致的食物中毒则占到了九成。

◎病毒感染只能对症治疗

　　抗生素能够抑制致病细菌的增殖，但是病毒给宿主细胞中注入基因并进行复制，就会导致抗生素无法生效。目前针对流感等疾病，人类已经开发出了抑制病毒增殖的药品，但是针对大多数病毒性疾病，主要还是通过对症治疗来应对。例如，患上肠胃炎时，主要手段是给予止泻、止吐的药物，必要的时候服用退烧药和止痛药，并大量补充水分。

43 赤手捏饭团居然是危险行为——金黄色葡萄球菌

"最近的年轻人真是有洁癖，都不吃赤手捏的饭团"，大家最近是不是也经常听到这种话？那么我们就来看一下，赤手捏饭团到底有哪些卫生问题？

◎饭团是发酵食品吗

素有"寄生虫博士"美称的医学博士藤田纮一郎曾经在《赤手捏的饭团是霉味的发酵食品？》一文中提到的"饭团的作用就是给肠道带去正常菌群，所以不是赤手捏的饭团就没有灵魂"和"饭团其实相当于一种发酵制品"，在日本引发了人们的关注。

其实，发酵和腐败原本就是相同的现象，区别就在于是否对人类有益。更准确地说，在缺氧环境下有机物分解的过程中，如果产生了醋酸、酪酸和乳酸等有用的物质，就称为发酵，而如果产生一些伴随着恶臭的有害物质，则称为腐败。

我们的皮肤和肠道内，居住着乳酸菌、醋酸菌、大肠杆菌和葡萄球菌等多种微生物，这些就是正常菌群。虽然藤田提到"饭团的作用是给肠道中带去正常菌群"，但是单独让正常菌群中的有用细菌增殖，使之对人类有益，原本就需要先进的技术和管理。我们从日本酒、味噌和酱油等发酵食品的发酵和品质管理中都需要先进技术这一点就可以窥见一二。而饭团这种在制作过程中，连基本的温度和环境都无法控制的食品，根本无法对菌群做到有效管理。

◎耐热性强，甚至不能被胃酸分解

现在以年轻人为主，越来越多的人拒绝了赤手捏的饭团，虽然有一部分人觉得这未免矫情，但不可否认的是这个习惯让一个危险离我们越来越远，那就是金黄色葡萄球菌导致的食物中毒。

金黄色葡萄球菌是我们皮肤和鼻腔内的正常菌群，但是它不仅会在伤口上造成脓灶，还会让抵抗力较弱的人患上败血病。曾经出现过抗生素无法抵抗的耐甲氧西林金黄色葡萄球菌（MRSA）导致的交叉感染事件，最终致多人死亡。2000年日本雪印集团发生的大规模食物中毒事件，也是由金黄色葡萄球菌引起的。

附着在食品上的金黄色葡萄球菌大量增殖就会释放出肠毒素。一般来说，我们吃的东西经过高温处理就会变性，或者在体内被胃酸和酶分解。但是肠毒素本身非常耐热，甚至有的在胃酸中也不会被分解。因此被肠毒素污染的食品就算经过了加热，食用之后也会导致食物中毒。具体来说，在30分钟至6个小时（平均3个小时）内，食用者可能会出现恶心、呕吐和腹痛等症状。

◎饭团"贡献"了大量的食物中毒

实际上，截至20世纪80年代，食物中毒中将近1/3都是由金黄色葡萄球菌导致的，其中最大的凶手就是饭团。

葡萄球菌耐热性强，且耐干燥，就算在浓度为10%左右的食盐水中也能继续存活。在捏饭团的时候加入食盐也有防止细菌增殖的作用，但是这对金黄色葡萄球菌的杀灭效果并不大。所以通过捏饭团的时候使用保鲜膜，或者戴上加工食物专用的手套等措施，可以有效减少金黄色葡萄球菌引发的食物中毒。目前金黄色葡萄球菌导致的食物中毒，已经控制到了食物中毒总量的5%以下。

为了消除多发的食物中毒，人们经过了各种各样的努力。正因为如此，如果有人轻易断言"不是赤手捏的饭团，就没有意义"，我们也应该对其持怀疑态度。

垫上保鲜膜　　　戴上食品用手套

哎呀，没办法发挥威力了……

如何防止饭团中的细菌繁殖

44　自然界中最强的毒素——肉毒杆菌毒素

> 有一种毒素的毒性是河豚毒素的 1000 多倍，这就是
> 肉毒杆菌产出的毒素。蜂蜜和密封食品等看上去非常安全
> 的食物其实经常会导致食物中毒。

◎杀死全人类仅需 500 克

　　肉毒杆菌产生的肉毒杆菌毒素是世界上毒性最强的毒药，据说它的毒性为河豚毒素的 1000 多倍。经过计算，要杀死世界上所有人，仅需 500 克肉毒杆菌毒素，由此可见它到底有多么恐怖。

　　肉毒杆菌是一种广泛存在于土壤以及江河湖海泥土中的厌氧菌，在有氧气的地方基本无法生存。包括厨房在内，我们生活的环境中充满了氧气，所以不用担心肉毒杆菌。那么什么样的条件下会出现肉毒杆菌食物中毒呢？

　　肉毒一词来源于拉丁语中的"灌肠"，因为过去在欧美国家经常发生由熏火腿和香肠导致的食物中毒事件。

　　在日本国内，大部分肉毒杆菌食物中毒是由一种名为"出石"的发酵食品导致的，以前在秋田县和北海道时有发生。这种发酵食品使用雷鱼、鲑鱼和鲱鱼等鱼类和米饭、食盐、蔬菜一起腌渍，发酵而来。一般来说，无氧条件下使用乳酸发酵，就可以抑制杂菌的繁殖，但是在乳酸菌之前，肉毒杆菌的芽孢已经混入其中就会导致食物中毒①。

　　近些年，我们常听到的一般都是密封食品导致的肉毒杆菌中毒事件。当温度超过120℃，连续加热4分钟，就能成功杀灭肉毒杆菌和休眠状态的肉毒杆菌芽孢，因此市场上销售的易拉罐装、瓶装和软罐头装的食品一般来说都是安全的②。那么，到底什么样的食品是危险的?

　　肉毒杆菌增殖危险性比较大的食物包括加热不充分的自制食品、瓶装食品以及真空包装的食品。超市中销售的需要冷藏的真空包装食品常被误认为是速食食品，所以日本国内也出现过常温保存了需要冷藏的食物，结果导致食物中毒的病例。肉毒杆菌中的E型肉毒杆菌就算在冰箱中也能继续增殖，所以食物一定要在"赏味期"③内食用。

　　虽然肉毒杆菌毒素的毒性无可匹敌，但是在100℃的温度中加热10分钟以上就会被分解掉。所以烹饪的时候，煮熟煮透也是预防食物中毒的一种手段。

◎婴儿肉毒杆菌中毒和蜂蜜

　　禁止给1岁以内的婴儿食用蜂蜜，可以防止婴儿肉毒杆菌食物中毒。(其他内容参照本书第28页。)

---

① 随着人们自制发酵食品习惯的减少，由此引发的食物中毒事件也在不断减少。

② 如果容器膨胀，可能就出现了肉毒杆菌繁殖，所以应该直接丢弃。

③ 赏味期：一般指食品味道的最佳品尝时间段的期限，又称最佳品尝期限。因为很多日本的食物，不是说过了赏味期限就过期了，而是过了最佳品尝期。

45 为什么日本以外的人不太喜欢生吃海鲜
——副溶血弧菌

> 有没有人告诉过大家"不能在处理完鱼的菜板上切
> 蔬菜"？海洋中打捞上来的鱼贝类身上很多都有副溶血弧
> 菌，导致在喜欢生吃鱼贝类的日本，出现了很多食物中毒
> 的病例。

◎霍乱弧菌的亲戚

副溶血弧菌和霍乱弧菌同属弧菌属，生活在海水和海水中的泥
土里。副溶血弧菌的增殖速度非常快，一旦感染，在 8 小时至 1 天
的时间内就会引起严重的腹痛、腹泻，以及发热等症状。但是副溶
血弧菌不耐热，在淡水和低温环境中无法增殖。那么它在什么条件
下会引起食物中毒呢？

副溶血弧菌在 15 ℃ 以上的海水中，生命活动非常活跃。但
是海水中所含的副溶血弧菌数量很少，所以就算是喝入少量的海
水也并无大碍。但是气温较高的时候，从海水中打捞上来的鱼贝
类身上一般都附着副溶血弧菌，所以如果不立即冷藏，副溶血弧
菌就会大量增殖，导致食物中毒。大多数国家鱼贝类海产不能生
吃的原因也在于此。

虽然淡水鱼身上并没有副溶血弧菌存在的危险性，但是仍然有

寄生虫感染的风险，所以养殖环境不是绝对安全的情况下，最好还是不要生吃鱼贝。因为日本人会吃生鱼，而且此前的流通系统并不足够完善，所以副溶血弧菌也是在很长一段时间内，导致日本人食物中毒的重要原因。

随着冰箱与冷链车的普及，食品流通中冷链（低温流通系统）彻底完善，以及寿司店和超市里烹饪设备技术改良和消毒的彻底进行，使得近年食物中毒发生的频率越来越低。可以说，由于日本人实在太过喜欢吃刺身和寿司，所以才有了日本饮食卫生环境的改善。

但是令人感到讽刺的是，虽然人们在外能吃到安全的海鲜产品，但是有的家庭中却非常缺乏海产鱼贝类处理的意识，甚至有人连低温冷藏都不重视。所以当把海钓时钓到的鱼或者外出旅行买到的鱼带回家时，一定要注意处理。

◎烹饪时的注意事项

副溶血弧菌在淡水中无法增殖，因此烹饪前需要用流水进行彻底地冲洗。加热海鲜时一定要加热到中间熟透（60 ℃加热10分钟以上）。

由于副溶血弧菌增殖速度比较快，所以生鱼不能常温保存。就算保存的时间很短，也一定要放进冰箱中，或者放进加了冰的保温箱中。然而短时间的冷冻也不能完全杀灭细菌，所以常温解冻生鱼也有导致食物中毒的风险。因此解冻生鱼时，最好使用冰箱低温解冻，或者使用微波炉快速解冻。

制成的寿司和刺身等食品，也要尽量低温保存并尽快吃完。购物的时候，大家也要记住鱼和寿司最后购买，随后要尽快冷藏。吃旋转寿司时，要逐盘确认制作时间，丢弃制作时间较长的食品，也是预防细菌感染的手段之一。

◎小心交叉污染

虽然副溶血弧菌中毒的直接原因是海产和生鲜鱼贝及其加工物，但是制作过程中的交叉污染也不容忽视。

在制作过程中，手上和砧板、刀具上会沾上副溶血弧菌，并通过这些物体污染其他的食品。特别是如果污染了含有盐分的食物后，副溶血弧菌就会立即开始增殖，并成为食物中毒的隐患。过去有过这样的案例，有人处理完鱼之后，没有仔细地清洗砧板，就切黄瓜做了小咸菜，结果副溶血弧菌大量增殖，引起了食物中毒。所以厨具要彻底清洗，防止交叉污染。

砧板区分使用

仔细清洗用过的厨具

不要让细菌在海绵和毛巾以及制作台上繁殖！

如何防止交叉污染

46 为什么日本人能吃生鸡蛋——沙门氏菌

"能吃生鸡蛋的也只有日本人了",不知道大家有没有听过这句话。为什么会有人说这样的话呢?这一节我们来介绍一下除了鸡蛋之外,可能从宠物身上感染的细菌——沙门氏菌。

◎沙门氏菌和伤寒菌是同族

沙门氏菌是一种广泛分布于鸡、牛、猪等家畜肠道中的细菌。人如果感染了沙门氏菌,大概率会出现严重的腹泻症状,只有少部分人会处于无症状状态,长期携带细菌。与毒素引起的食物中毒不同,沙门氏菌经口进入人体,在消化器官中大量增殖之后,人就会发病。蟑螂和老鼠之所以惹人讨厌,就是因为在国外经常发生老鼠粪便导致人伤寒感染的病例。实际上,沙门氏菌、伤寒菌和副伤寒菌属于同类,但是由于伤寒菌和副伤寒菌会引起全身性症状,所以被确立为"法定传染病"。

沙门氏菌是一种非常强悍的细菌,可以在干燥状态下生存数周,在水中甚至可以生存数月。在日本曾经出现过多起由于吃鸡蛋及鸡蛋制品、生肉(主要是内脏)和交叉感染导致的食物中毒事件。除此之外,鳗鱼和甲鱼(特别是食用其生血和内脏)也曾导致多起食物中毒的事件。

◎危险的生鸡蛋

西尔维斯特·史泰龙主演过一部叫作《洛奇》的电影①。一心想成为拳击选手的主人公由于贫穷，没钱买运动员吃的蛋白质，所以他只能把鸡蛋一个一个地打进扎啤杯中，然后一饮而尽。

在日本人看来，只会觉得"真厉害！"，但是电影其实想通过一个在欧美文化中十分怪异、无法接受的行为，来描写主人公的执念。对到过日本的外国人来说，最难以接受的食物排行榜上生鸡蛋高居前列。因为在外国人的印象中，生鸡蛋是极易被沙门氏菌污染的食物，所以他们非常抗拒这种不经加热的吃法。

如果鸡蛋真的被沙门氏菌污染了，为什么日本人日常还能生吃鸡蛋呢？

的确，刚生出来的鸡蛋经过了鸡的肠道，所以沾上了肠道中的沙门氏菌。但是日本有吃生鸡蛋的习惯，所以鸡蛋在出货之前一般都会用含有次氯酸的温水和紫外线等进行杀菌消毒。这就是在日本销售的鸡蛋只要在赏味期内就可以放心生吃的原因。

由于国外一般不会进行这项消毒，所以生吃鸡蛋会伴随一定的危险。而国外的蛋黄酱、蛋酒和冰淇淋等用生鸡蛋制成的食品，主要使用无菌鸡蛋来制作，所以和日本的普通鸡蛋一样，无菌鸡蛋也可以直接生吃。换句话说，在日本流通的普通鸡蛋就是国外的无菌鸡蛋。

---

① 拍摄于 1976 年的美国电影。

◎就算超过赏味期，只要加热至熟透就没有问题

有的店铺中销售的鸡蛋是常温存放的。这是为了防止结露，从而防止蛋壳上残留的沙门氏菌的芽孢增殖，而买回家的鸡蛋最好还是要放在冰箱中保存。

鸡蛋出产后的两周内，是现在人们默认的鸡蛋赏味期，当然这只是生鲜食品的"赏味期"，而不是常见的"保质期"。所以就算鸡蛋过了赏味期，只要没有腐败，好好加热过就还能食用。但是如果打破了鸡蛋壳，就要立刻做熟鸡蛋，因为一旦有了缝隙，细菌就会进入鸡蛋中，所以大家最好直接做熟吃掉或者丢掉。

另外一定要记住，就算刚产的新鲜鸡蛋，只要是从鸡窝里直接捡回来的鸡蛋，未经消毒，就有携带沙门氏菌的风险。

◎一定要小心被宠物传染

除了家畜之外，宠物也有可能携带沙门氏菌。除了狗、猫和鸟之外，乌龟等爬虫类动物也有可能携带沙门氏菌，美国就出现过宠物刺猬导致的沙门氏菌感染。这些动物被沙门氏菌感染之后，基本上都不会出现明显症状，所以接触过宠物之后，一定要洗手。在动物园的互动区接触过动物之后，也一定要认真洗手，这些地方一般也设了专门的洗手池。

有些养宠物的人对宠物患上传染病非常敏感，但是却不知道宠物可能携带了致使人感染的病原菌。很多猫咖啡店在进店的时候，都会要求客人洗手消毒，顾客在这些店里基本都是一边吃东西，一边和小动物玩。但是在离开的时候，店家却不会要求客人洗手消毒，所以我们自己需要更加注意。

　　相信有很多人都认为"在家里养的宠物，明明和家里的人处于一样的环境，怎么可能不干净呢"，或者"宠物养在室内，所以是干净的"，但是抵抗力弱的小孩子和老年人接触宠物的时候一定要多加注意。要防止婴儿接触到宠物的排泄物，小孩子和老年人接触了宠物的话，饭前要仔细洗手，而且不能舔嘴。

刚产的蛋 ≠ 安全
（新鲜）

我在哟!

小心周围的宠物哟

47 为什么鸡肉一定要烧熟——弯曲菌

人感染的弯曲菌大多来自鸡肉，但是有时候也可能从宠物身上感染。虽然弯曲菌同样也广泛地分布于牛和猪的身上，那为什么人们还会认为鸡肉最危险呢？

◎什么是弯曲菌

弯曲菌广泛分布于牛、猪、鸟和宠物的消化道内，虽然也会引起家畜肠胃炎，但是家畜基本都是无症状感染。人如果摄入了被这些家畜的排泄物污染的水和食品，就会感染弯曲菌。

儿童的抵抗力比较弱，所以有的儿童甚至因为摸过这些动物就感染了弯曲菌。在动物园的动物接触区都设有"接触过动物后请仔细洗手"这样的标识语，最大的目的就是为了防止弯曲菌感染。

◎为什么鸡肉最危险

生活中或许我们常会听到这样一句话："都怪鸡肉"。我自己有一次在饭店里吃了鸡肉刺身后，很快出现了严重的腹泻、呕吐等肠胃症状，十分难受。

所有的肉类都可能成为弯曲菌的传染源，为什么鸡肉最受关注呢？其实我们只需要看一下店铺里摆放的肉就能理解，猪肉和牛肉一般都是拆卸完成后切成条卖的，但是鸡肉则是带皮卖的。在动物的皮中，特别是羽毛的毛孔里，极有可能残留着弯曲菌，如果吃之前的加热不充分，就会导致人被感染。

一些饭店会把鸡胸肉制成鸡肉刺身售卖，然而诸如此类生吃鸡肉的行为其实是非常危险的。因为动物的内脏上会沾上细菌，日本曾经就出现过吃牛肝刺身导致的感染病例。

除了吃生肉有被感染的风险之外，处理肉的时候，细菌还会通过砧板、刀和手传染。因此处理肉的工具一定要仔细清洗和消毒。

◎烤肉和烧烤的时候要提高警惕

弯曲菌的主要流行期是5—7月前后，所以这段时间大家在外出游玩、举行烤肉派对的时候，一定要提高警惕。对食材进行预处理的时候，要注意避免把鸡肉和其他种类的肉混在一起，同时也要尽量避免共用砧板和菜刀等厨具。不仅如此，烤肉的时候要先从皮开始烤，完全烤熟之后再吃。

◎不要把弯曲菌引起的肠胃炎和其他的肠胃炎混淆

感染弯曲菌之后的主要症状就是严重的肠胃炎，所以如果出现剧烈的腹痛和腹泻一定要立即前往医院就诊。就诊的时候注意不要把弯曲菌引起的肠胃炎和其他的肠胃炎相混淆。

因为有时10月前后弯曲菌也会流行，所以有时候弯曲菌引起的肠胃炎会被误诊为诸如病毒或者轮状病毒引起的肠胃炎。这些由病毒引起的传染病无法使用抗生素应对，只能使用对症疗法。

但是弯曲菌属于细菌，所以必须使用抗生素进行治疗。如果担心自己可能感染了弯曲菌的话一定要去就诊，并且把症状明确地告诉医生。

◎让人头疼的潜伏期

那么从感染弯曲菌到发病，会有多久的潜伏期呢？

一般来说潜伏期是两天，但是弯曲菌的增殖速度比较慢，有的人感染七天之后才会发病。所以人们有时可能想不到引起肠胃炎的元凶居然是上周吃的鸡肉。老人和小孩由于感染弯曲菌导致的食物中毒则更需要注意。

牛肝中也有弯曲菌，
所以不能生吃

老人和小孩的抵抗力比较弱，
需要特别注意

没事吗？

48 感染途径尚不明确的"病原性大肠杆菌"

从1996年开始,病原性大肠杆菌就被定为法定传染病。然而大部分病原性大肠杆菌的感染途径并不明确,而且有时还会引起大规模的食物中毒。接下来我们来看一下病原性大肠杆菌的种类和注意点。

◎病原性大肠杆菌是什么

大肠杆菌是人类和家畜的大肠中的正常菌群,大多都是无害的,但是其中有一部分会导致人出现腹泻等症状。

大肠杆菌可以细分为:肠致病性大肠杆菌、肠侵袭性大肠杆菌、肠产毒性大肠杆菌、肠黏附性大肠杆菌和肠出血性大肠杆菌五种,前四种会引起腹泻和腹痛,是发展中国家婴幼儿腹泻的主要原因。其中病原性极高,需要特别小心的是肠出血性大肠杆菌。

◎肠出血性大肠杆菌

肠出血性大肠杆菌会产生毒性极强的维罗毒素。这种毒素与红痢菌产生的毒素十分相似,它并不是大肠杆菌本身携带的基因,而是大肠杆菌感染了噬菌体①之后获得的东西。

---

① 噬菌体是所有造成细菌感染的病毒的总称。

肠出血性大肠杆菌的细菌外毒素会引发伴随出血的肠炎和溶血性尿毒综合征（HUS）[①]，患者可能在严重的便血和并发症之后死亡。肠出血性大肠杆菌的潜伏时间是 3 ~ 8 天，而且只需要 100 个左右的细菌就会导致感染。相比之下，沙门氏菌需要 100 万个细菌才会导致感染，也就是说肠出血性大肠杆菌的感染只需要沙门氏菌感染细菌数量的万分之一。

除了生肉和半熟的肉、携带病菌的蔬菜和水果之外，病原菌还可能通过冰箱、厨具或手沾到其他食品上导致感染。以前就出现过土豆沙拉等蔬菜导致的感染。所以在烹饪的时候一定要对食物充分加热、仔细洗手，保管和烹饪食物的时候将鱼贝类和肉类分开、对厨具进行彻底的清洗和消毒。

烤肉的时候，处理未加热食材和加热后食材的餐具最好分开使用。抵抗力比较弱的人、婴幼儿以及老年人感染了出血性大肠杆菌以外的病原性大肠杆菌也很容易发展成重症，所以加热肉的时候一定要加热至熟透。

生吃蔬菜

生肉

具体藏身地不明确

用流水彻底洗净，并加热至熟透

再见了

[①] 部分肠出血性大肠炎患者发病后数日就会出现溶血性尿毒综合征，会引起严重的肾功能障碍，包括溶血性贫血、血小板减少、急性肾衰竭等。

◎难以查明的传播途径

由于病原性大肠杆菌的潜伏期长，且少量的细菌就会造成感染，所以直到现在，人们仍然没能查明大肠杆菌的传播途径。1996年，日本大阪府堺市发生了病原性大肠杆菌的集体感染事件，这起事件以儿童为主，直接感染者将近8000人，随后他们又传染给了自己的家人，造成了超过1500人间接感染，最终3名儿童死亡。最初的调查认为，当时默认可生吃的食材——萝卜苗可能是造成传染的原因，但是在随后的调查中，无论是栽培设备还是食材中都没有检测出病原性大肠杆菌。而当时培育萝卜苗的人受到这一事件的影响，接连破产，甚至有人自杀，造成了很大的社会影响，后来还出现了日本内阁厚生大臣在电视节目中表演吃萝卜苗、国家被从业人员起诉并败诉等事件，病原性大肠杆菌带来的风波久久未能平息。

在19年后的2015年，又出现了因为集体感染的后遗症导致死亡的案例，时至今日仍然有许多患者需要继续接受治疗。所以希望大家能够认识到，这种病菌的感染并不是一种短期内就能治愈的疾病，它会带来长期的后遗症。

◎小心交叉感染和家畜的传染

除此之外，如果和感染者共用毛巾也可能会造成交叉感染。与沙门氏菌相同，病原性大肠杆菌也可能通过家畜传染，所以与动物接触过之后，一定要仔细洗手。

49 酒精消毒杀不死的诺如病毒

诺如病毒会通过冬天当季的牡蛎传播从而导致肠胃炎（食物中毒）。这一节我们来看一下时常引发集体感染的诺如病毒都有什么特征，我们又应该如何应对。

◎牡蛎和诺如病毒

食物导致的诺如病毒感染，一般由食用携带病毒的生牡蛎等双壳贝类，或者食用加热不充分的双壳贝类引起。

不知道大家是否知道，日本店铺中销售的牡蛎有"生食贝"和"须加热贝"两种，分类标准是基于捕获或者饲养牡蛎的海域和处理方法。

牡蛎等双壳贝类属于滤食者，它们过滤海水中的有机物作为食物。因此生活在城市附近水域的贝类体内，会富集城市排水中含有的诺如病毒。如果人生吃了这些含有病毒的牡蛎就会感染诺如病毒。

因此在生活排水和工业排水排放口附近，以及在水质检验不符合生吃标准的水域生活的牡蛎，在供货时都会被归入"须加热"一类。虽然将这些地方生活的牡蛎放入使用紫外线杀菌过的海水中，放置一段时间完成净化处理，就可以作为"生食贝"出货，但是由于完成杀菌的海水中没有饵料，所以经过净化的牡蛎太瘦，味道自然也不如原来好。

而生食的牡蛎一般在指定的符合生食贝生活标准的海域中养殖或者捕捞，并且经过食品监督部门检验，确认牡蛎体内的杂菌数量符合食品卫生法的标准，才能出货。

这些规定的依据并不是新鲜程度，而是杂菌的数量，所以需要加热的牡蛎无论多新鲜，都不能生吃。

◎还需要注意交叉感染和空气传播

诺如病毒的传染和诺如病毒导致的食物中毒从每年 11 月前后开始增加。诺如病毒的传染性很强，10 ~ 100 个左右的病毒进入体内就会导致感染，感染之后的 1 ~ 2 天内，患者会出现严重的呕吐、腹泻以及腹痛现象。之后病毒还会通过厨具、感染者的呕吐物和粪便等传染给其他人，特别是儿童在感染后，会出现突发性的大量呕吐的症状，如果呕吐物没能得到彻底的处理，干燥之后飘在空中的微小呕吐物颗粒也可能导致多人感染。

诺如病毒对消毒粉耐性很强，我们平常消毒使用的酒精并不能使诺如病毒失去传染性。所以平常就要用肥皂或洗手液仔细地洗手，除此之外，还需要彻底地消毒。

平常地方上的卫生站会派发传单，有的地方会举办应对诺如病毒的讲座，可以给大家提供一些参考。

【呕吐物的处理方法】

①收拾呕吐物的时候一定要戴上一次性手套和口罩。

②当地板被患者的粪便和呕吐物污染时，要先用含氯消毒液浸透的抹布将其覆盖起来，静置消毒。

③粪便和呕吐物要用纸巾等轻轻地擦除。

④被污染的布要用含有氯元素的消毒液浸泡。

⑤用完的手套和口罩等要丢弃的东西要装进塑料袋中密封丢弃。

◎症状减轻后仍然需要注意

如果家里有了诺如病毒感染者，无论是感染者的衣服、餐具还是感染者接触过的门把手等，都要用含有氯素的消毒液消毒，毛巾和枕巾等要分开清洗，防止传染扩散①。不仅如此，就算症状有所减轻，在之后的 2~3 周内患者还会持续排出病毒，所以在处理儿童患者的粪便等时，还是要注意防止病毒扩散和传染。

遗憾的是，诺如病毒的人工培养非常困难，所以目前仍然没能开发出诺如病毒疫苗，但是现在快速诊断试剂卡已经投入市场，诊断非常便捷②。

如果怀疑自己感染了诺如病毒，要立即去医院就诊。随意自行诊断、吃药，结果其实是患上了其他传染病，只会耽误治疗，反而加重病情。

---

① 除了含氯元素消毒液，还可以将含有次氯酸的家用含氯漂白剂稀释之后使用。

② 但是目前试剂卡在灵敏度上还存在若干问题，所以使用试剂卡并不能完全诊断出所有的诺如病毒感染。

50 病毒性胃肠炎中症状最严重的一种——
轮状病毒

> 和诺如病毒并列，以引发急性肠胃炎出名的病毒还有
> 轮状病毒。这一节我们来看一下它与诺如病毒的差别和注
> 意点。

◎5 岁以下的孩子基本无人幸免吗

轮状病毒会导致婴幼儿出现急性肠胃炎，所以自古就有"假性
小儿霍乱"和"白痢"之称，可见轮状病毒有多可怕。轮状病毒引
起的急性肠胃炎是所有病毒性肠胃炎中症状最严重的，通常会伴随
严重的脱水症状，在医疗技术欠发达的时候，夺走了无数孩子的生
命。就算是现在，需要住院的小儿急性胃肠炎患者中，半数都是轮
状病毒引起的。

日本每年轮状病毒感染的暴发期是 2 月至 5 月，比诺如病毒的
高峰期 11 月至次年 2 月略晚。轮状病毒的传染性非常强，据说就
算在发达国家，5 岁以下的孩子也基本无人幸免。

感染后，经过 1~4 天的潜伏期，感染者就会出现腹泻、呕吐
和发热等症状，如果不及时就诊，一直拖延，脱水就会引起痉挛和
休克。不仅如此，还有可能并发肾炎、肾衰竭、心肌炎、脑炎、脑
病、溶血性尿毒综合征、弥散性血管内凝血和肠重积等。最开始成
人感染轮状病毒后并不会出现症状，但是近些年也出现了成年人的

集体感染和食物中毒事件。

由于感染一次轮状病毒无法形成足够的免疫，所以好转之后，病情可能会有多次反复。

◎已经成功开发出了疫苗

和诺如病毒一样，现在轮状病毒也有了试剂卡，医院的诊断非常简便。但是由于灵敏度的原因，并非所有的轮状病毒感染都能被准确地诊断出来。

虽然目前没有能有效抵抗轮状病毒的抗病毒药物，但是现在已经开发出了全年龄段都可以接种的疫苗。有孩子的家庭，可以找医生咨询接种。

◎如何防止感染

和其他的传染病一样，预防轮状病毒的感染需要洗手和消毒。其实轮状病毒的传染性与诺如病毒相当，仅需要 10 ~ 100 个病毒就会造成感染。所以处理轮状病毒感染者的呕吐物和粪便时，一定要和处理诺如病毒感染者的粪便和呕吐物一样谨慎。

轮状病毒的感染者症状减轻之后的一周之内，也仍然会排出病毒。但是轮状病毒可以用消毒酒精杀灭，所以应对起来比诺如病毒要简单。

51 新鲜的食品也会导致感染——甲型和戊型肝炎病毒

> 导致肝炎的病毒按照被发现的顺序分为甲型至戊型五种。经由体液和血液传播的乙肝和丙肝病毒非常有名，而甲型和戊型肝炎病毒则会通过食物传播。

◎过去多发的甲肝

甲肝是一种暂时性的传染病，不会转为慢性肝炎，现在卫生条件较差的中南亚、非洲、南美洲等国家，每年仍然有许多人感染。过去甲肝也曾在日本大范围流行，所以现在 60 岁以上的日本人（有感染史）大多都有甲肝抗体。

甲肝患者粪便中的病毒以水、蔬菜、水果和鱼贝类为媒介，经口传播。对饮用水管理不严格的热带和亚热带地区，感染的风险非常高。在日本国内，扮演传播媒介角色的不是水和蔬菜，而是携带了甲肝病毒的生的或者加热不充分的海鲜。在城市附近捕捞的鱼贝类很有可能受到了污染，所以一定要彻底加热，避免生吃。

另外，为了避免鱼贝类携带的病毒沾到其他食品上，做饭时要先处理蔬菜和生吃的食品，再处理鱼贝类。处理过鱼贝类之后，要彻底清洗厨具，如果有条件还要用开水进行彻底消毒。

◎戊型肝炎

最近越来越多的饭店里能吃到狩猎得到的野味①。虽然出于驱逐有害鸟兽等目的，吃野味是一件不错的事情，但是生吃或者吃半熟的野猪或鹿等动物的肉和内脏，可能会感染上戊型肝炎。因此烹饪野味的时候一定要注意洗手和消毒，不能生吃，烹饪的时候要加热至熟透。许多人觉得如果是比较新鲜的食材，就算是做成刺身吃也是安全的，但是病毒的感染和食物新鲜与否并没有关系。日本曾经在鹿肉刺身和猪肝中检出了戊肝病毒，还出现过生吃野猪的猪肝导致急性肝炎死亡的病例。不仅如此，生吃还会导致寄生虫感染等问题，所以尽量不要吃半熟的野味或五分熟的牛排等加热不充分的食品以及生吃的食品。

目前戊肝病毒人传人的案例非常少，但是被携带病毒的人和动物的粪便污染的生水和生食也很危险。城市的地下水中，也可能有生活污水混入。目前亚洲流行的肝炎主要是戊肝病毒导致的，所以在戊肝流行和发生的地方，要尽量避免喝生水、吃生食。

---

① 指食用狩猎打到的鸟兽。

52 自来水导致的食物中毒——隐孢子虫

> 隐孢子虫通过自来水和食品传播，有时会导致多人感染。它和引起疟疾以及赤痢阿米巴病的病原虫是同类。

◎隐孢子虫是什么

最初人们认为隐孢子虫是寄生在家畜和宠物肠道中的一种寄生原虫，但是在 1976 年发现了第一例人感染隐孢子虫的病例。1980 年，由隐孢子虫引起的腹泻导致了艾滋病患者死亡，自此隐孢子虫受到了人们的关注，后来人们还发现隐孢子虫也会导致健康的人出现严重的腹泻。

隐孢子虫导致的最著名的集体感染是 1993 年发生在美国威斯康星州密尔沃基市的集体感染。160 万人处于病原虫的威胁之下，超过 40 万人被感染，4400 人住院治疗，最后死亡病例达到了数百人。情况惨烈前所未有，在当时造成了严重的社会问题。

1994 年，在日本的神奈川县平塚市的杂居楼发生了集体感染事件，461 人发病。1996 年，埼玉县入间郡越生町出现了自来水污染导致的集体感染，8800 人发病，之后町政府加紧提出了应对自来水污染事件的对策。

◎自来水处理方案不断优化

就算使用氯气消毒，隐孢子虫的传染性也不会消失，所以需要使用物理过滤的方法来应对。但是小规模的自来水公司要引进这个方法需要高昂的后续成本，所以基本没有进展。

近几年，用紫外线对自来水进行消毒的有效性得到认可。2007年日本厚生劳动省修改规定，完善了"自来水中隐孢子虫等的应对指南"，到2017年，日本97.3%（以供水人口为基础计算）的自来水公司都引入了这项处理技术。

另外，如果在地区内患者的粪便中检测出了隐孢子虫，又无法排除自来水是传染源的可能性时，地方自治体要及时告知地区内使用自来水的居民，并做好自来水饮用指导。居民们也要注意这些通告，一旦被告知附近有人感染，除了要将生活用水煮沸后使用，还需要采取其他的一些对策来保证用水安全。

53　仅靠外表与味道无法辨别的毒素
——贝毒和雪卡毒素

> 在食用贝类和鱼类导致的食物中毒中，有一部分是贝毒和雪卡鱼毒素导致的，这两种毒素就算加热也无法去除，并且有毒的贝和鱼不管是外观还是味道都与无毒的贝和鱼没有区别。

◎赶海带来的食物中毒？

赶海是一种能轻松捕捞到浅蛤、蚬贝、青口（一种与贻贝相似的贝）等贝类的休闲活动。原本赶海导致的食物中毒是罕见的，但是 2018 年 3 月日本大阪湾出现了食用浅蛤导致的麻痹性贝毒中毒事件，中毒者甚至被送进了医院。那么为什么会出现这样的事情呢？

富营养化①导致东京湾和大阪湾时有赤潮发生，赤潮中经常含有涡鞭毛藻等有毒的浮游物，量大时甚至能杀死贝类和鱼类。但是当水中的有毒浮游生物的浓度还达不到杀死贝类和鱼类的程度，毒素就会堆积在鱼和贝的体内，这就是贝毒。

---

① 富营养化指水中含有有机物和含氮化合物的情况。城市排水等导致水体养分供给过剩，使得浮游生物等大量繁殖，从而使海水呈现红色，成为赤潮。

有毒浮游物
时有发生

浅蛤等贝类吃进
浮游物，毒素在
体内堆积

食物中毒

食用有毒的贝类之后，轻则因为麻痹型贝毒出现手足麻痹，重则会出现呼吸麻痹而直接致死。贝毒中还有一种腹泻型贝毒，会导致中毒者出现水样便腹泻、腹痛和恶心呕吐等症状，但是目前没有死亡病例出现。

如果发现区域内的贝类可能带有毒性，地方自治体就会呼吁居民停止本区域内的贝类捕捞，所以相应时间段内最好不要去赶海。相对而言，渔民们捕捉的贝类的安全性一般都会受到管理，所以市面上销售的贝类，一般不会导致中毒。

◎雪卡毒素

雪卡毒素常见于热带地区，在日本多发于冲绳县。它和贝毒一样，都来源于涡鞭毛藻。当卷贝和鱼吃进了附着在海藻上的涡鞭毛藻，毒素就会在其身体内堆积，然后肉食鱼类吃了这些卷贝和食藻鱼之后，毒素会在肉食鱼体内富集（生物富集）。白星笛鲷的同类（玫瑰鲷鱼、白斑笛鲷）、石斑鱼的同类（西星斑、燕尾星斑、老虎斑、东星斑）、石垣鲷鱼以及爪哇裸胸鳝等都曾经导致过人食物中毒。

以特征性的温度感觉倒错这一神经症状为特点，中毒者在摸到热的东西的时候会感觉到冷，还会产生瘙痒感、肌肉痛、关节痛、头痛和消化道症状。目前，日本国内还没有出现过死亡病例，但是在国外已经出现了相关死亡案例的报道。雪卡毒素所导致的症状恢复慢，有时甚至需要数月，所以一定要特别注意。

钓鱼的人们中流传着这样几种说法，"冷冻之后，毒素就会消失""比较瘦的鱼贝有毒""可以通过颜色区分是否有毒"，但是这些说法全都被否定了，因为仅凭外观无法判断其是否有毒，最好的做法就是远离曾经引起过食物中毒的鱼类。

近几年，在日本本州岛出现了石垣鲷身上的雪卡毒素导致人中毒的事件，同时，随着全球变暖，海水温度不断上升，现在涡鞭毛藻的分布可能会向北推移。

◎就算是加热也无法消除的毒性

贝毒和雪卡毒素都非常耐热，就算是通过加热也无法消除它的毒性。而有毒的鱼贝与无毒的鱼贝味道并没有差异，所以仅仅依靠品尝无法区分是否有毒。

目前为止，本州岛已经出现了多例石垣鲷导致的中毒，除此之外，还相继出现了拉式鲕鱼、鲕鱼、间八鱼等鱼类携带的雪卡毒素导致中毒的案例。日本地方自治体和研究机关会对有毒的事例进行调查，但是钓鱼的人要特别注意自己钓鱼的地方已经出现的有毒事例，一旦发现就绝对不能食用在这里钓到的鱼。

54 制造出最强的致癌物质——霉菌毒素

霉菌喜欢潮湿的环境，到处都有生长，有时还会给人类带来危害。为了不再受到霉菌毒素的危害，就需要了解霉菌的生态习惯，尽量避免霉菌滋生。

◎霉菌最喜欢湿气

日本的气候温暖潮湿，对霉菌来说简直就是天堂。霉菌喜欢糕点、面包、点心等含有淀粉和糖类的食物，我们身上的污垢、衣服，还有浴室都会滋生霉菌。

因为霉菌无处不在，所以我们的生活并不能完全远离霉菌。霉菌可以制造味噌和酒，能分解生物残骸，但是也会制造出毒素导致人生病和中毒。接下来我们来看看霉菌毒素的种类，以及如何避免霉菌毒素中毒。

◎致癌性最强的霉菌毒素

曲霉菌是自然界中最常见的霉菌，其中的一种米曲菌对酿造来说是必不可少的。但是米曲菌的近亲，黄曲霉菌却会产生黄曲霉毒素，极微量的黄曲霉毒素就会导致肝癌[①]。黄曲霉毒素又分为多个

---

① 从基因水平来讲，米曲菌属并不会产生黄曲霉毒素。

种类，其中的黄曲霉毒素B₁是已知的致癌性最强的物质。

在莫桑比克，肝癌的发病率很高，其原因在于食物被黄曲霉毒素污染。从世界范围来看，玉米、香料和坚果类被污染的事例屡见不鲜，日本也出现过进口米制品被霉菌污染的情况。因为日本的许多食材都要依靠进口，所以及时出台政策，严格防范黄曲霉毒素等霉菌毒素污染的食品在日本流通显得尤为重要。

◎在日本需要注意红霉菌中毒

黄曲霉类的曲霉菌生活在热带和亚热带，所以日本的农产品基本不会被这种霉菌污染。但是日本却经常出现红霉菌污染导致中毒的事件。

红霉菌又叫尖孢镰刀菌。如果麦子开花和结籽的季节长时间下雨，红霉菌就会附着在麦子上并不断增殖，人如果吃了这些被污染的麦子就会中毒。具体引起中毒的霉菌毒素是脱氧雪腐镰刀菌烯醇和瓜蒌镰菌醇等霉菌毒素。小麦粉中如果混进了这些霉菌毒素，就算是烤面包的时长和温度也没办法将毒素完全分解。同时红霉菌还会产生其他种类的霉菌毒素，不仅如此，红霉菌能在湿度较高的环境中长时间存活，所以保存食品、蔬菜和水果的时候一定要格外注意。

◎如果年糕上长出霉菌

就算冬季把年糕放在通风良好的房间中，一周左右的时间里，年糕也会长出霉菌，其中大多数是青霉菌，还有一些黑霉菌和毛霉菌。为了防止霉菌滋生，就要创造一个霉菌无法生长的环境，以前把年糕晾干制成年糕片和冻年糕，或者在天冷的时候把年糕放进水中就是这个原因。随着冰箱的普及，把年糕放进冷冻室中冷冻储藏成了最优的选择。放进冷冻室之后，霉菌就无法继续生长，因此将年糕放进塑料袋等中密封起来，再放进冰箱，就能一直吃上好吃的年糕。

那么生了霉菌的年糕该怎么处理呢？就算把肉眼可见长了霉菌的地方切掉，那些一眼看上去没有霉菌滋生的地方，也已经被霉菌的菌丝占领了。所以虽然有点浪费，但是只要年糕生了霉，最好还是不要吃。

◎浴室的墙壁上、食品和衣服上滋生的黑霉菌

黑霉菌就是我们在浴室墙上能看见的黑色的霉菌，它也会长在食品和衣服上。空气里飘浮的霉菌中数量最多的就是黑霉菌，它是导致过敏的原因之一。浴室中的肥皂和各种洗剂是黑霉菌繁衍的营养源，但是黑霉菌无法在 30 ℃ 以上的环境中繁殖，所以洗澡时热水能冲到的地方一般不会滋生黑霉菌。

要杀死黑霉菌只需要用酒精或者热水擦拭即可，但是它留下的黑色印记用这个方法无法去除，要让这些黑色的印记变白，只能用次氯酸溶液清洗。要避免霉菌滋生，最好的方法就是，洗完澡后把肥皂和身体污垢等这些可能成为霉菌养料的东西冲洗干净，同时打开门窗，彻底地通风换气，防止湿气留在房间中。

第六章

导致疾病的
微生物

55 感冒和流感的区别在哪里

感冒和流感的症状非常相似，但是它们的成因却是完全不同的病毒。这一节我们就来看一下为什么人经常会患上感冒和流感。

◎感冒和流感的不同

无论大人小孩，感冒是人类最常见的疾病，一个人每年都会感冒2~5次。主要症状有流鼻涕、鼻塞、嗓子疼和咳嗽等，有时候还会出现发热和其他不适感，但一般症状都比较轻，就算不治疗，3~7天也会痊愈。

而流感患者大多会突然出现38 ℃以上的高热，同时还会伴随头痛、肌肉疼痛和关节痛等症状，不适感也要比普通感冒更加严重。虽然流感的症状比较严重，但是一般一周左右也会痊愈。下表给大家列举了感冒和流感各自会引起哪些症状。

症状	普通感冒	流感
发热	少有	普遍（39~40 ℃ 突发高热）
头痛	基本没有	普遍
一般的不适感	略有	普遍（越来越严重，最终导致患者衰弱）
流鼻涕	普遍（常见症状）	一般普遍（非常见症状）

症状	普通感冒	流感
嗓子疼	普遍（常见症状）	不常见，但是会引起一般性疼痛
呕吐或腹泻	基本没有	轻微

出自：Brock《微生物学》（p.946 图），日本欧姆社 2003 年版，略有改动

◎为什么人老感冒

感冒是病毒导致的。将近一半的感冒都由鼻病毒感染引起，迄今为止，人类发现的鼻病毒已经超过了 100 种。排在第二位的病毒是冠状病毒，占到感冒原因的 15％。除此之外，腺病毒、柯萨奇病毒和正黏病毒等也会引起感冒。据统计，目前发现的会导致感冒的病毒已经超过了 200 种。每感染一种病毒，人就能获得相应的抗体，但是我们没有感染过的病毒仍然有很多，所以我们就会一次又一次地感冒①。

感冒是一种可以自愈的疾病。感冒的治疗也只能采用对症疗法，只能采取多休息、保温、保暖、增加营养的措施。感冒时进行各种检查，也是为了将感冒和其他的重大疾病区分开来。感冒的症状如果持续 1 周以上，或者症状减轻之后又再次恶化，再或者出现 38 ℃以上的高热，就要再次去医院进行检查和治疗。

当然，在感冒后，如果身体太难受可以开一些缓解症状的药物。但是如果感冒是由病毒引起的，抗生素就没有治疗效果。就算是服用了抗生素，感冒也不会很快痊愈，反而会出现副作用，甚至

① 上了年纪之后不容易感冒就是因为人对感染过的病毒都会形成抗体。

可能导致耐药菌的产生，从而危害人体健康，因此不能用抗生素治疗感冒。

◎流感是一种全身性疾病

患上流感后，一般最先出现的症状就是脚底发凉，膝盖到大腿之间不舒服，以及突然出现 38 ℃ 以上的高热。四肢肌肉和各个关节疼痛持续，不适感逐渐加重。在这个阶段，流感病毒会大范围感染上呼吸道（鼻子到咽喉）的上皮细胞。而感染病毒的时间，应该是 2~3 天之前。

之所以在感染流感之后会出现各种令人难受的症状，是因为整个免疫系统都全力以赴，拼命地对抗病毒。在这个过程中，其他系统的配合引起了激素分泌异常和代谢障碍及压力反应。这就是"流感是一种全身性疾病"这一说法的来源。

◎流感病毒很容易出现新类型

流感病毒是一种线状的RNA病毒。因此，与以往的DNA病毒相比更容易发生变异，而且流感病毒基因的特殊构造①使得它本身也非常容易变异，所以很容易产生新的病毒种类，这也是很难通过疫苗预防流感的原因。

虽然流感疫苗不能防止患者发病，但是可以避免老年人和因疾病导致的身体较弱的人患上流感后发展成重症，让他们能死里逃生。所以我们期待今后能够开发出更加有效果的流感疫苗。

---

① 由 8 个基因片段组成，每一个都很容易被其他的病毒片段替换。

◎加热和加湿可以预防流感

"流感在冬季流行的原因是湿度和温度低",真的是这样吗?一个改变气温和湿度,观察流感病毒存活率的实验表明,温度处于20~24 ℃时,就算将湿度降得再低,流感病毒的存活率都不会下降。也就是说,温度并非影响病毒存活率的因素。

其实,与病毒的存活率密切相关的是绝对湿度[①]。绝对湿度的变化和气温的变化非常相似,所以才会让人误认为病毒的存活率与温度相关。下图展示了日本兵库县内两个地方的调查结果。

在房间中使用暖气,并给房间加湿,提高了绝对湿度,就能削弱流感病毒的感染力。

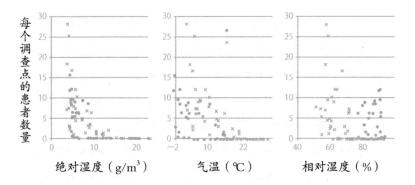

每个调查点流感患者的数量和绝对湿度、气温、相对湿度之间的关系

出自:[日]植芝亮太等《关于学校药剂师工作中利用绝对湿度的提议》,发表于2013年《YUKUGAKU ZASSHI》(Vol.133,No.4,pp.479-483),图片有改动

---

① 绝对湿度表示每立方米(m^3)的空气中所含水蒸气的质量(g)。

56 现在每年都有数百万人因此丧命
——结核杆菌

过去结核病被称为日本的"国民病"，在死亡原因中排名第一。虽然通过药物可以治愈结核病，但是由于耐药菌的出现，结核病还没有退出历史舞台。

◎结核病是什么

结核病是一种由结核杆菌引起的疾病。1982年，罗伯特·科赫发现了结核杆菌①。对过去的人类来说，结核病是最严重的一种疾病，占据全世界人口死亡原因的1/7。1950年之前，日本人最大的死亡原因仍然是结核病，所以结核病在日本又被叫作"国民病"。许多人年纪轻轻就因患上了结核病而死亡。

在70年前，结核病是一种不治之症。但是在1944年发现了链霉素之后，各种化学制剂相继被生产出来，结核病变成了能治愈的疾病，患者数量也因此不断地减少。但是，结核病因此就变成了"过去的疾病"吗？结局并没有如此圆满，现在全世界每年有300万人因为结核病丧命，占据了全部死亡原因的5%。日本每年新增结核病患者2万人，死亡患者约为2000人。

---

① 世界卫生组织在1997年将发现结核杆菌的日子3月24日定为"世界结核日"。

◎各个脏器都可能被结核杆菌侵犯，但是肺部被侵犯的概率最大

结核病患者在打喷嚏和咳嗽的时候，会喷出含有结核菌的飞沫，这就是排菌，其他人吸入了患者喷出的飞沫就可能会感染。感染后，结核杆菌先在肺部等器官中活动，并不断地增殖病菌破坏人体组织，这个过程被称为"发病"。但是感染之后大部分人都不会发病，最终发病的只有 1%左右。

肺结核发病之后，会大范围地破坏人体组织，导致人的呼吸力下降。如果不能尽早治疗，就会引发肺出血、咯血和窒息等问题，而一旦结核杆菌扩散到全身，死亡率就会非常高。

如果患者没有发病，感染停留在局部，结核杆菌大部分时候会被身体的免疫力排出体外。但是如果它顽强地留在了人体内，就会被免疫系统的细胞包裹起来，形成一个"核"。这就是结核杆菌名称的由来。

◎工业革命导致了肺结核的大流行

2008 年，在以色列附近的海里发现了 9000 年前的一名女性和一个孩子的遗体，其中就有患过肺结核的痕迹。另外在 1972 年出土的中国马王堆汉墓（公元前 168 年）中女性的尸体里也发现了结核病变。由此可知，自古人们就倍受结核病的折磨，然而近代之后，结核病才开始大规模地流行。

18 世纪的英国最先开始工业革命，随后人口开始向城市聚集，但是人们的工作条件太过苛刻，居住环境的卫生情况也十分恶劣。这样的背景之下，结核病开始在英国大规模地流行。不久随着

工业革命扩展，结核病开始从英国传向世界。

从日本明治时期开始，日本的城镇化，工厂现代化不断深化，然而这个过程中，日本没能摆脱曾经困扰英国的噩梦，结核病在日本国内大范围蔓延。在富国强兵的政策之下，国民被迫进行严苛的劳动，大量的年轻女工因为结核病而倒下。1925年的《女工哀史》和1968年的《啊！野山岭》等影片使这段历史广为人知。

◎IGRA筛查是否感染结核菌，X光和细菌检验确认是否发病

对结核的筛查主要有两种，一种是周围出现结核病患者时筛查自己是否感染结核菌，另一种是出现类似症状之后筛查自己是否发病。

判断是否感染，最有代表性的检查是IGRA（γ干扰素释放试验）。因为对结核菌的特异性非常高，所以儿童接种结核疫苗BCG并不会影响检查结果。如果IGRA检查的结果呈现阳性，那么极有可能感染了结核杆菌。但是如果使用结核菌素反应的方式检查，就算呈现阳性也无法判断是由结核感染引起的还是受到了BCG的影响，所以这个方法现在基本已经弃用了。

判断结核是否发病，可以使用X光的影像进行诊断，也可以通过细菌筛查进行判断。如果拍过胸片之后发现有可疑的阴影，就要通过拍CT等来进行进一步的精确检查，而咯痰检查可以判断是否处于排菌阶段。结核菌的增殖比较慢，所以细菌的培养检查需要花费数周的时间。后来细菌的基因放大检查方法被开发了出来，近些年仅用数小时就可以给出结果。

肺结核首次感染后的数年之后，如果再次从外界感染结核杆菌或者被肺部免疫细胞抑制的结核杆菌活化，都会导致肺结核再次

发病（又称为结核病再燃、结核二次复发）。年龄、营养不足、疲劳、压力、内分泌失调等因素都有可能导致结核病的复发。如果结核杆菌再次感染肺部，大多会发展成慢性感染，并破坏肺部组织。虽然结核病最后能被治愈，但是感染部分会永久钙化。

◎好好吃药非常重要

口服药可以治愈结核病，所以如果患病一定要遵医嘱好好吃药，直到结核病痊愈。为什么结核病现在仍然会夺走许多人的性命？其原因之一在于出现了抗结核药物应对不了的"耐药菌"。治疗过程中停药，或者不按要求服药，就可能导致结核杆菌对药物产生耐药性。结核病的治疗周期比较长，为了避免其产生耐药菌，患者必须坚持服药。

57 证明了基因说——肺炎球菌

> DNA是基因的实质，这一说法在 70 年前得到了证明。
> 在这个研究中扮演主角的是导致肺炎的"肺炎球菌"。

◎肺炎是什么

肺炎是细菌和病毒导致肺部出现炎症的疾病。一般来说，细菌和病毒就算经过口腔和鼻腔侵入了人体，只要人的身体健康，就能将其拦截，但是如果患上感冒，或者免疫功能被削弱，那么细菌和病毒就有可能侵入肺部，并引起肺部炎症。

肺炎患者通常会出现咳嗽、痰多、呼吸困难的症状，并伴随呼哧呼哧的声音。老年人患上肺炎之后，症状不会十分明显，但是一旦察觉就可能已经发展成了重症，所以需要特别注意。肺炎在日本人的死亡原因中排到了第 3 位[1]，根据年龄段的不同，肺炎导致的死亡在 80 岁以上年龄段中排第 3 位，1 ~ 4 岁段和 65 ~ 79 岁段排第 4 位。

根据致病微生物，肺炎可以分为由细菌引起的"细菌性肺炎"和由病毒引起的"病毒性肺炎"，以及支原体、衣原体等处于细菌和病毒之间的微生物引起的"非典型肺炎"三种。

---

① 第 1 位是恶性肿瘤，第 2 位是心脏病。

　　一篇对肺炎住院患者的病原微生物进行调查的论文发现了下图所示的结论，因肺炎球菌导致的肺炎最多，占到 1／4，同时肺炎球菌导致的肺炎大多都会发展成重症。

　　对由于肺炎入院的 652 名患者进行调查后，其中 401 例（61.5％）的病原微生物得到了确定，其中 82 例感染了多个病原体，占到 12.6%。表中按照病原微生物出现的频率进行排列。

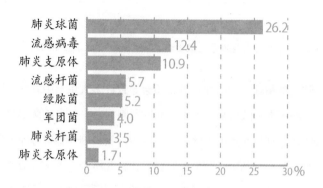

肺炎住院患者的病原微生物

出自：[日]高柳升等《市内肺炎住院病例不同年龄段和不同轻重患者的病原微生物和预后》，发表于 2006 年《日呼吸会志》（Vol.44,No.12,pp.906-915）

◎肺炎球菌是什么样的细菌

　　如后图所示，细菌按照形态可以分为"球菌""杆菌""螺旋菌"等。引起肺炎等疾病的细菌呈球形，所以就叫作"肺炎球菌"，以前也被叫作"肺炎双球菌"。

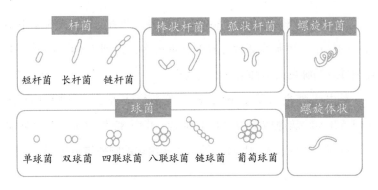

根据细菌形态进行的分类

出自：[日]青木健次等《微生物学》（p.31），日本化学同人 2007 年出版

肺炎球菌除了会引起肺炎，还会导致许多人患上中耳炎，同时还是导致髓膜炎和败血症等严重疾病的罪魁祸首。肺炎球菌很容易在健康人体，特别是儿童的上呼吸道中定居，当人因为感冒等原因免疫力下降时就会引起肺炎，肺炎有时候会在托儿所中或者家庭成员之间互相传染。另外，感染流感后患上肺炎的主要原因之一就是肺炎球菌的感染。20 世纪 80 年代中后期，对盘尼西林有了耐药性的肺炎球菌不断增加，同时还出现了对数种抗生素都有耐药性的多重耐药菌。

肺炎球菌导致的肺炎大概率会留下严重的后遗症，有的甚至会夺走人的生命。

◎肺炎球菌的实验中，证明了基因的化学本质是DNA

肺炎球菌出名的原因之一是它在基因研究中发挥了重大作用。

在距今大约 100 年的 1923 年，英国的格里菲斯成功培养了肺炎球菌，并发现肺炎球菌有两种，一种是菌落（肉眼可见的微生物集团）表面光滑的S型，另一种是菌落表面比较粗糙的R型。二者的区别在于细胞表面是否具有荚膜这种包裹着细胞的黏液状物质，二者中只有细胞表面有荚膜的S型具有致病性。从下图中可知，注射了S型肺炎球菌的老鼠因为肺炎而死，但是注射了R型肺炎球菌的老鼠并没有患上肺炎，所以也没有死亡。

　　格里菲斯把具有致病性的S型菌进行了60 ℃的热处理，和没有致病性的R型肺炎球菌一起注射给老鼠，结果发现老鼠还是患上肺炎死亡了。同时他还发现老鼠体内的R型肺炎球菌变成了S型肺炎球菌，而且只要变成了S型肺炎球菌，后续分裂产生的细胞全部都是S型肺炎球菌，也就是说发生了遗传性状的转化。

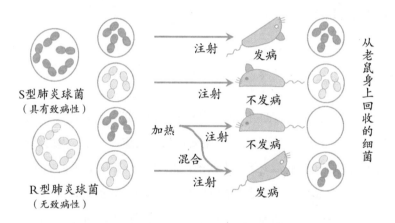

　　美国研究者艾弗里将这个研究进一步向前推进，他花了10年的时间去探索到底是什么引起了遗传性状的转化。

　　艾弗里使用当时刚刚开发出来的离心分离器，提取出了大量引起遗传性状转换的物质，分别使用DNA、RNA和蛋白质分解酶对细胞进行处理。结果发现用DNA分解酶处理之后，细胞就失去了转化性状的活性，而使用RNA分解酶和蛋白质分解酶处理之后，则不会失去性状转化的活性。就这样，在1944年，证明了基因的实质是DNA。在这个研究中扮演主角的就是肺炎球菌。

58 女性感染之后，可能会生出先天不足的孩子——风疹病毒

> 感染风疹之后，如果症状较轻，患者大概率能被治愈。但是如果怀孕的女性感染了风疹，就可能会生出先天听力障碍的孩子。通过接种疫苗，可以很大程度上降低感染的风险。

◎风疹是什么

风疹是由风疹病毒引起的一种疾病。风疹进入人体之后，经过2~3周的潜伏期，就会发病，主要症状有发疹、发热、淋巴结肿大等。感染风疹病毒之后，大约50%的儿童患者和15%的成人患者是无症状感染，也就是说他们身上不会出现明显的症状。

儿童感染风疹病毒之后，基本上都是轻症，但是每2000~5000人中，就有一个人会出现脑炎和血小板减少性紫癜症等并发症。

◎最大的问题是"先天性风疹综合征"

怀孕的女性一旦感染风疹病毒，就会导致胎儿的感染，从而可能生出患有听力障碍、白内障或心脏病的婴儿。这些先天不足的病症统称为"先天性风疹症候群"（CRS），在妊娠12周之前发生的

概率非常高。1964 年美国出生的婴儿中有 2 万人患有CRS，给社会造成了很大的压力。

当时处于美国占领之下的琉球在大约半年之后，开始流行风疹，1965 年出生的CRS患儿达到了 408 人，其中大部分患有听力障碍。所以在 1978 年之后的 6 年，也就是这群孩子开始上初中之后的 6 年中，琉球开办了北城聋哑人学校。

◎可以使用疫苗预防

1962 年风疹病毒被分离出来，1963 年至 1965 年风疹肆虐全球，促使人类在 20 世纪 60 年代后期开始开发风疹疫苗，并最终制造出了安全性高的弱毒疫苗。

从 1995 年开始，日本规定凡是 1 ~ 7 岁的儿童以及中学生要定期接种风疹疫苗。从 2006 年开始，规定儿童要在 12 ~ 24 个月龄（第一针），和 5 ~ 7 岁次年需要入学时（第二针）定时接种疫苗。接种一针风疹疫苗后，95%的人能获得免疫，接种两次后获得免疫的比例能达到99%。

所以没有接种过疫苗的人，要尽早进行接种。男性感染风疹之后，一旦传染给周围怀孕的女性，就可能会生出患有CRS的婴儿，所以男性也需要接种风疹疫苗。

59 造成欧洲中世纪将近三成人死亡
——鼠疫杆菌

鼠疫又称黑死病。带有鼠疫菌的虱子寄生在老鼠身上就会导致鼠疫蔓延。伴随人口的流动,鼠疫会暴发性地扩散。鼠疫的流行导致人口骤减,给人类社会带来过非常严重的影响。

◎鼠疫是什么

鼠疫曾在全世界流行,夺走了无数人的生命,它造成的死亡仅次于疟疾。在 14 世纪鼠疫疫情最严重的阶段,据推测,当时欧洲因为鼠疫死亡的人达到了总人口的 25% ~ 33%。虽然现在没有大规模暴发过鼠疫,但是鼠疫仍然没有被完全消灭。2010 年至 2015 年之间,全世界有 3284 人患上鼠疫,其中 584 人丧命。败血症鼠疫和肺鼠疫尤为严重,如果肺鼠疫不及时治疗会直接导致患者死亡。

◎最早的生化武器

鼠疫由鼠疫杆菌引起,通过鼠蚤传播。跳蚤从感染鼠疫杆菌的动物身上吸血,同时把鼠疫杆菌也吸入体内,鼠疫杆菌在跳蚤的肠道内繁殖,并在跳蚤下一次吸血的时候,传染给被吸血的动物。鼠蚤寄生在家中老鼠的身上,因为喜欢人血,所以和人类鼠疫的流行密切相关。

中世纪欧洲鼠疫的流行，成了军事行动的导火索。11 至 12 世纪的十字军将黑鼠和它们身上的鼠疫杆菌一起带上船，带到了欧洲，导致了鼠疫大流行。

14 世纪鼠疫的流行主要与蒙古军队有关，黑鼠和军队一起到了欧洲。而且鼠疫可能是最早的生化武器，蒙古军队在攻击克里米亚的时候，就曾经把患上鼠疫死亡的人的尸体投进敌方城中。

鼠疫大流行给人类社会带来了严重的影响，农村人口骤减，农业从需要大量劳动力的集约型谷物栽培，转向了对劳动力要求较小的牧羊上，农民的地位也得到很大的提升。11 世纪英国被诺尔曼人征服之后，开始实行法语教育。但是黑死病导致大量的法语教师因病死亡，所以英国本国的英语教育得到了较大的发展。

◎尽早诊断非常重要

鼠疫杆菌进入人体之后，会移动到淋巴管中，并且导致患者出现名为便毒的淋巴结肿大（腺鼠疫）。如果鼠疫杆菌随着血液流动扩散到全身就会导致败血症，许多人甚至在确诊之前就会死亡。之所以将鼠疫称为"黑死病"，是因为患上败血症之后，由于皮下有无数的出血点，皮肤上从而会出现黑斑。鼠疫杆菌通过呼吸到达肺部，或者腺鼠疫的病菌到达肺部，就会引起肺鼠疫。如果不接受治疗，患者存活超过 2 天的概率非常低，并且如果不能立即将肺鼠疫患者隔离，就会导致感染快速扩散。

如果能得到快速的诊断，鼠疫还有治疗的可能，目前常见的是用链霉素等抗菌剂进行治疗。作为一种动物源性疾病，目前只有大洋洲没有发现鼠疫。

60 影响到了人类的进化——疟原虫

现在全世界每年都有 1 亿多人感染疟疾。在非洲等疟疾流行的地区，原本人体中存在的对生存不利的基因，由于对疟疾具有抵抗性，所以反而成了有利的基因，可见疟疾已经影响到了人类的进化。

◎疟疾是什么

疟疾是由名叫疟原虫的原生生物导致的传染病，疟疾通过蚊子传播。直到现在，疟疾仍然是一种严重的疾病，全世界有超过 1 亿人感染，每年死亡人数超过 100 万。

太平洋战争中，由于日本军队没有采取抗疟对策，所以在瓜达尔卡纳尔岛有 1.5 万人、英帕尔作战中有 4 万人、吕宋岛上有 5 万人因为疟疾而丧生。

能感染人的疟原虫主要有四种，传播范围最广的是三日虐，症状最严重的是恶性疟。疟原虫一生中有一部分时间在人体内度过，剩余的一部分时间生活在蚊子体内。疟疾通过疟蚊中的雌蚊传播，由于它们要生活在温度较高的地区，所以疟疾主要发生在热带和亚热带，尤其在地势低洼，空气潮湿的地方更加多见。因此，过去人们认为这种疾病是空气质量差导致的，所以意大利语中疟疾是"恶劣的空气"的意思，这也是疟疾一词的由来。

◎影响到人类的基因

几千年之前，疟疾就在非洲肆虐，人们发现血红素①异常的人对疟疾有抵抗性，镰状红细胞贫血症就是血红素异常的表现之一。镰状红细胞贫血症会引起贫血和呼吸困难，对人的生存不利，但是由于红细胞比较脆弱，疟原虫入侵人体之后，红细胞就会被破坏，并且出现溶血现象，使得疟原虫无法增殖。因此原本对生存不利的基因由于能抗疟，反而提高了这些人在疟疾高发区的存活率。

现在疟疾作为一个能选择对人类生存有重要作用基因的筛查者，给人类的进化带来了很大的影响。

同样受到筛选的还有主要组织相容性复合体（MHC）。疟疾多发的西非地区，人们普遍拥有特定的MHC基因，但是其他地区人的体内几乎没有这种基因。这种基因产生的蛋白质，会对疟疾抗原产生强大的免疫反应，使得人对疟原虫的感染有更强的抵抗力。

目前人们只是提出结核杆菌和鼠疫杆菌可能影响了人类的进化，但是疟疾对人类进化的作用却得到了确认。

◎疟疾预防法

根据世界卫生组织（WHO）的推算显示，疟疾已经扩散到了世界上大约100个国家中。现在日本每年去国外旅行的人数不断增加，去往疟疾流行地旅行的人数也在不断攀升。

---

① 血红素是红细胞中所含的红色蛋白质，负责搬运氧气。患有镰状贫血症的人，血红素会突然发生变异，出现异常，导致红细胞变成镰刀状，搬运氧气的能力下降。

疟疾的预防对策包括四个方面：

一、了解疟疾的发病风险。不同国家和地区，流行的疟原虫种类不同，对药剂的耐药性也不同。旅行之前，要调查好疟疾的流行情况，同时还要了解疟疾的种类和对药物的耐药性。

二、防蚊。疟疾以疟蚊为传播途径，所以防蚊是疟疾防治的基础。要穿长袖长裤，尽量减少皮肤裸露，并使用驱虫剂。另外，使用蚊帐也能有效防蚊。

三、预防性服药。前往疟疾流行地之前，在做好前两项的同时，还要内服预防性药物。尤其是前往恶性疟流行地区以及发病之后无法及时就诊的地区时，内服预防性药物非常重要。但是没有药物能做到百分之百的预防，而且内服药也会产生副作用。

四、尽早诊断和治疗。感染恶性疟之后，患者的病情在短时间内就会发展成重症，并且死亡率极高，所以早诊断、早治疗非常重要。但是目前日本国内能诊断和治疗疟疾的医疗机构极少。

61 空调可能导致人死亡——军团菌

> 军团菌常见于温泉和 24 小时浴池中，会引起严重的肺炎。为了防止污染，通过水温管理等手段来预防军团菌的增殖非常重要。

◎与我们共生的"环境正常菌群"

我们身边悄悄生活着各种各样的微生物，这些微生物就叫作"环境正常菌群"。人们为了让自己的生活更加方便，在生活空间中造出了各种各样的人工环境，例如用水的设备等，这对环境正常菌群来说是绝好的栖息场所。但是如果细菌在这些环境中大量繁殖就会引起严重的健康问题，军团菌引起的疾病就是其中之一。

◎美国的集体感染事件让人们发现了军团菌

人类发现军团菌的历史并不长。1976 年，在美国费城的一家酒店里召开了退伍军人酒会，参加人数超过 4000 人。后来这些人里有很多人出现了高烧、恶寒、极度虚弱和严重肺炎症状。酒店周围的行人也出现了有类似症状的患者，最后 221 人患病，34 人死亡。

美国疾病预防控制中心（CDC）对其原因进行了调查研究，并且否定了当时已知的所有的细菌、病毒和化学物质。最后在死亡患者的肺部组织中，提取出了一种未知的病原菌。并以"退伍军人团体"来给细菌命名，由这种细菌引起的疾病也因此被命名为"军团菌病（退伍军人病）"。

经过对感染路径的追溯发现，空调冷却塔中的水被军团菌污染后，以气溶胶①的形式流进酒店中，酒店大堂中逗留的人吸入气溶胶之后导致了感染②。在日本也出现过类似的集体感染事件。

日本的军团菌集体感染事件

宫崎县日向市新建温泉设施中发生集体感染

1992 年 6 月 20 日至 7 月 23 日，日向阳光温泉的客流量达到了 19 773 人，其中 295 人患上了军团菌病，7 人死亡。检查发现，该温泉洗浴的卫生管理不合格，在洗浴水槽中没有检测到游离氯，同时虽然才开业不久，但是在浴池、过滤装置以及管道中都检测出了高浓度的军团菌。

庆应大学医院新生儿病室的集体感染

1996 年 1 月 11 日至 2 月 12 日之间，收容在新生儿病室的 3 名新生儿感染上了军团菌肺炎，1 人死亡。在新生儿病室的储水槽、温水槽经过的水中，包括温水龙头、洗澡台、加湿器、牛奶加湿器中都检测出了军团菌。

出自：[日]冈田美香等《传染病学杂志》[Vol.79,No.6,pp.365-374(2005)]

[日]斋藤厚《日本内科学会杂志》[Vol.86,No.11,pp.29-35(1997)]

---

① 气溶胶是飘浮在空气中的微小的液体和固体颗粒。
② 以此为契机，通过对以往发热原因不明的患者的血清进行调查发现，早在 1965 年，就已经出现过军团菌的集体感染。

◎自然界中数量少、分裂慢

军团菌原本是广泛分布于土壤、河流、湖泊等自然环境中的正常菌群，菌的数量相对较少，并且与大肠杆菌相比，它的分裂速度极其缓慢（用培养的方式发现军团菌每 4~6 小时分裂一次，大肠杆菌则每 15~20 分钟分裂一次）。

但是空调冷却塔和循环式浴池中，温水会在装置中循环使用，所以很容易产生各种细菌和原生生物栖息的生物膜，这是微生物在器具表面形成的具有黏性的物质或者琼脂状的膜状构造物，它会给军团菌繁殖所需的阿米巴虫和微藻类等共生微生物提供绝好的繁殖环境。这样一来，虽然军团菌的分裂很慢，但是繁殖所需的时间和环境已经完全具备。

全世界范围来看，军团菌病的主要致病原因是空调冷却塔以及浴池等热水系统。同时军团菌是一种土壤细菌，所以灰尘和花土也曾经导致过人类感染。

◎重症肺炎

军团菌感染导致的疾病中有军团菌肺炎和庞蒂亚克热。以下是这两种疾病的特征：

▼军团菌肺炎

恶寒、高烧、全身倦怠和肌肉痛等症状之后，会连续数日出现干咳、咯痰、胸痛、呼吸困难等症状，症状发展迅速，严重的情况下会由于呼吸功能不全导致死亡。

▼庞蒂亚克热

主要症状是发热，伴随恶寒、肌肉痛、头痛、轻微咳嗽，但是不会伴随发生肺炎。大多数时候 5 天之内就会无药自愈，一般不会出现死亡病例。但是如果不是出现了集体感染，人们很难想到庞蒂亚克热。

军团菌肺炎初期的症状与其他类型的肺炎没有特别大的差别，所以临床检查中需要特别的诊断。军团菌肺炎病情发展快速，如果治疗不及时就会导致患者丧命，所以一旦怀疑感染了军团菌肺炎，就要使用抗生素进行治疗。除此之外，还可以使用氧气疗法、呼吸辅助疗法，看情况还可以采取类固醇激素疗法。只要在发病 5 天内开始治疗，基本上可以保住患者性命。

◎如何防止军团菌导致的污染

最容易检测出军团菌的地方是温泉和家里的浴缸中，另外医院的新生儿室和桑拿的热水系统都出现过军团菌污染导致的感染。水龙头自来水的残留氯气浓度只要在 0.1 ppm（mg/L）以上就是安全的，但是经过加热并储存起来的热水中，氯气基本会被蒸发干净，所以军团菌就会大量增殖。大楼中的热水供应系统为了节约能源和防止烫伤，一般会调低热水器的温度设定，这就给军团菌的增殖留下了可乘之机。美国疾病预防控制中心的《交叉感染防治指南》中提到，水龙头处饮用水的温度需要在 50 ℃以上，或者 20 ℃以下，但是需要水中氯素浓度保持在 1 ~ 2 ppm 之间。

为了防止军团菌污染，就要避免选择容易形成生物膜的材质以防军团菌滋生，水流系统要防止局部积水，同时要防止换气设备中进入灰尘。20 ~ 50 ℃是适宜军团菌增殖的温度，将温度控制在这个范围之外，可以阻碍军团菌的增殖。同时还要及时打扫，防止形成生物膜。

62 通过药物治疗可以延长生存年限
——人类免疫缺陷病毒（HIV）

> 艾滋病是世界上三大传染病之一，每年有大约 100 万人因为艾滋病死亡，但是只要按时吃药，艾滋病患者也能免于死亡。

◎引起艾滋病的病毒是什么

1981 年，美国发现了一种能引起机会性感染（拥有正常免疫反应的人基本不会感染的疾病）的神奇疾病。其中大部分是真菌中的肺孢子菌引起的肺炎。后来类似的病例不断被报告出来，美国疾病预防控制中心就将这种疾病命名为获得性免疫缺陷综合征（或称后天免疫缺乏综合征，俗称艾滋病）。

经过调查研究发现，艾滋病在男同性恋和经常使用静脉注射药物的人中非常常见。在使用血液制剂的血友病患者中，这种疾病也非常常见。通过血液、体液和艾滋病感染之间的关系，人们查明了艾滋病感染的途径。后来在 1983 年，法国的蒙塔里埃发现了导致艾滋病的病毒，并将其命名为人类免疫缺陷病毒（HIV，又称艾滋病病毒）。

◎每年死亡人数达到 100 万

截至 2016 年末，全世界的艾滋病病毒感染者达到 3670 万左右。每年新增感染者约为 180 万，因为艾滋病死亡的人达到了 100

万人。因此艾滋病和肺结核、疟疾并称世界三大传染病。

但是目前全世界的新增感染者正在逐渐减少。2016年，全世界因为艾滋病死亡的人比2010年少50万人。随着新药的出现和治疗方法的进步，艾滋病患者的预后也在快速变好。在发展中国家推广治疗药物之后发现，与2010年相比，2016年艾滋病病毒感染者的就诊率从23%上升到了53%，15岁以下儿童新增感染者从30万人降到了16万人。

现在日本每年的新增感染者和艾滋病患者有1500人左右，截至2016年，累计人数超过了27 000人。目前日本新增感染者还没有出现降低的趋势。

◎艾滋病病毒感染后的病程发展

艾滋病病毒感染之后，患者会经过急性感染期、无症状期和艾滋病期三个阶段。

▼急性感染期

感染之后，HIV在淋巴组织中快速增殖，1~2周内每毫升血液中的艾滋病病毒数量达到100万个，形成病毒血症。其间，半数患者会出现发热、发疹、淋巴结肿大等症状。如果在这个阶段得到确诊，那么对患者在后期的治疗和病程控制都极为有利。

▼无症状期

对HIV的特异性免疫反应使得病毒量减少，增殖的病毒和抑制其增殖的免疫系统在这个阶段处于拉锯状态，所以病毒的数量处于相对稳定的范围。这一阶段可能会持续10年之久，其间患者基本没有明显症状。

▼艾滋病期

　　HIV 的攻击目标是表面具有 CD4 蛋白质的淋巴细胞，也就是 CD4 淋巴细胞。如果HIV进一步增殖，就会导致 CD4 淋巴细胞急剧减少，如果血液中的 CD4 淋巴细胞浓度降到每立方毫米（mm^3）200 个以下，肺孢子菌肺炎和机会性感染的患病率就会变高，如果降到 50 个以下，就会出现巨细胞病毒感染和非典型分枝杆菌感染。免疫状态正常的人基本不会出现这些症状，所以这些症状都被归为获得性免疫缺陷。

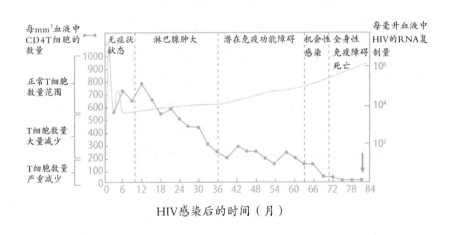

CD4 淋巴细胞的减少和HIV病毒感染进程

出自：Brock《微生物学》（p.961），日本欧姆社 2007 年版，图经过部分处理

◎口服艾滋病治疗药物必须坚持 100％原则

　　目前感染艾滋病之后，只要坚持按时服用抗艾滋病病毒的药物，就能把病毒载量控制在检测下限之下，这样基本可以阻

止患者发展到艾滋病期。但是一旦中断治疗，无论治疗坚持了多久，病毒增殖被抑制了多久，病毒都会迅速被激活，并导致 CD4 淋巴细胞大量减少和艾滋病发病。所以抗艾滋病病毒药物坚持 100％服用原则至关重要。如果抗艾滋病病毒药物只服用了 80％～90％，血液中药物浓度下降，病毒就会开始增殖，并且有产生耐药病毒的危险。

目前口服药物治疗中，一般会采用"多药联用"的疗法，也就是同时使用 3 种以上抗HIV的药物，在这种治疗方式之下出现耐药性病毒的可能性极低。因为同时对三种药物产生抗药性并不是一件容易的事情。多药联用的疗法可以让艾滋病逐渐转为慢性病①，与此同时，如何控制伴随慢性病的脂质代谢异常、骨代谢异常、糖类代谢异常、肾功能障碍和恶性肿瘤等疾病又成了亟待解决的难题。

目前还没有针对HIV的疫苗。要防止HIV感染的扩散，只能尽量避免不安全的性行为等危险。同时宣传关于艾滋病的相关知识，每个人都加入防治艾滋病的活动中，也是预防艾滋病的有效方法。

---

① 慢性病是与急性病相对的概念，患病之后，患者身体上的变化缓慢，可以将其理解为进展缓慢的疾病。

63 通过防止母婴传播可以减少病毒携带者
——乙肝病毒

乙肝病毒感染会导致慢性肝病和肝炎。由于乙肝病毒的终身携带者基本都是在婴幼儿时就已经感染了病毒，所以预防新生儿感染乙肝病毒在很大程度上减少了终身携带者的数量。

◎什么是肝炎病毒

肝炎病毒是主要在肝脏中增殖，引起肝炎的一类病毒的总称。可以分为以饮食为媒介、经口感染的流行性肝炎病毒和以血液和体液为媒介的血清性肝炎病毒。乙肝病毒（HBV）就属于后者，它可能会导致急性肝炎、慢性肝病（慢性肝炎和肝硬化）以及肝癌。据推测，全世界的乙肝病毒携带者大约有4亿，日本大约有100万，其中1／10会转为慢性肝病。日本慢性肝病患者中10％～15％都是由HBV引起的，感染和发病阶段主要有以下几类。

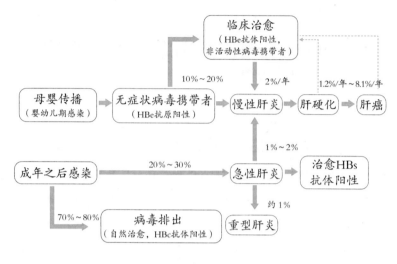

乙肝的感染和发病阶段

出自：日本肝脏学会《慢性肝炎治疗指南2008》，有改编

◎两种感染路径

HBV感染主要有终身病毒携带者和血液中病毒排出的短暂性感染两种。终身病毒携带者大部分通过垂直传播，也就是母婴传播感染，他们一出生就携带有乙肝病毒。有时候婴幼儿期也可能通过水平传播感染，主要传染源是家里的成员。但是成年人感染乙肝病毒只有水平传播一个途径。

日本1948年至1988年，因为在集体接种疫苗和结核菌素反应检验中多人共用注射器，导致HBV携带者一度超过了40万人。

◎只要能阻止病毒终身携带者出现，就能消灭肝癌

HBV病毒终身携带者的患病原因基本上都是婴幼儿时期的感染。如果能阻断母婴之间的垂直传播，就能减少病毒的终身携带

者，从而防止慢性肝病和肝癌。在日本，如果孕妇是病毒终身携带者，出生婴儿是终身病毒携带者的概率为 25%，其中HBe抗原[①]阳性的人中，虽然 85%~90%都会成为病毒携带者，但是HBe抗体阳性的人基本不会变成携带者。因此要减少HBV携带者，有一个非常有用的举措——阻断HBe抗原阳性的孕妇对孩子的传染。

主要做法是在孩子刚出生后就使用乙肝免疫球蛋白（HBIG），提高血液中的HBs抗体浓度，之后再反复接种HB疫苗，保持血液中的HBs抗体阳性。通过这种阻断母婴之间垂直传播的处理，原来HBe抗原阳性孕妇生出的终身病毒携带婴儿的比例从 85%~90%降到了 5%。

---

① 所谓抗原就是病毒等异物，抗体能识别和中和抗原，并引起免疫反应。通过检查 HBV 的抗原以及对应的抗体，就能了解病情发展的具体情况。

64 世界上半数人口被感染——幽门螺旋杆菌

> 幽门螺旋杆菌是 20 世纪 80 年代新发现的一种细菌。
> 人类原本认为人的胃是无菌环境，但是这种细菌就生活在
> 人的胃中，并且还会引起各种疾病。

◎什么是幽门螺旋杆菌

幽门螺旋杆菌是幽门螺杆菌的学名。幽门螺旋杆菌与弯曲菌
（参照本书第 146 页）同属一类，是一种生活在人类胃中的螺旋
菌（革兰氏检测呈阴性，微需氧）。巴里·马歇尔和罗宾·沃伦二
人于 1983 年发现幽门螺旋杆菌，并因此获得了诺贝尔生理学或
医学奖。

19 世纪开始，就有报告指出胃中存在细菌，但是由于无法人
工培育这种细菌，并且当时人们认为人的胃酸的酸性甚至超过了盐
酸，所以细菌无法在人的胃部生存，因此那时人们对这些报告主要
持怀疑态度。起到决定作用的是美国病理学家帕尔默在 1954 年对
1100 例活检材料（使用内视镜提取胃部组织）进行检验之后，提
交了一份胃中没有细菌的报告，在这一报告的影响下，之后的许多
年人们都认为胃里是无菌状态。

但是沃伦和马歇尔两个人在 1983 年成功培养出了螺旋状细
菌，这种细菌只能生活在和胃部环境一样极端特殊的环境中。最初
的记录中只是把它当作弯曲菌的一种，直到后来才另外设立新属，

命名为幽门螺旋杆菌。

◎高感染率和病原性

幽门螺旋杆菌将胃液中的尿素分解为氨和二氧化碳，分解产生的氨中和了胃酸，幽门螺旋杆菌就会造成胃表面感染。感染后，大约30%的患者会出现慢性胃炎，同时幽门螺旋杆菌还会引发胃溃疡、十二指肠溃疡和胃癌等各种疾病。70%~90%的胃溃疡都是由幽门螺旋杆菌感染引起的，在国际肿瘤研究机构发布的IARC（国际癌症研究机构）致癌性列表中，它被划为一类致癌物。

据推测，目前世界上有一半人口都是幽门螺旋杆菌的感染者，日本40岁以上人群的感染率高达70%以上，而20岁左右人群的感染率只有25%，差异非常明显。目前幽门螺旋杆菌的感染途径还不明确，它仍然是一种神秘的细菌。

◎检查和除菌

除了使用内视镜检查之外，最近还出现了尿素呼气检测和血清、尿液的抗体检测以及粪便抗原检测等检查方法。在日本，除了短期综合体检和细菌检测需要自费之外，出现胃炎等症状都可以使用健康保险接受检查和除菌。

65 相同的病毒可能引起不同的疾病
——水痘带状疱疹病毒

> 水痘和带状疱疹虽然不是同一种疾病，但是病原体是同一种病毒。在儿童时期引起水痘的带状病毒可能潜伏在人体中，在很久之后引起带状疱疹。

◎水痘和带状疱疹由同一种病毒引起

水痘和带状疱疹都是由水痘带状疱疹病毒导致的。感染水痘的基本上都是儿童，治疗一周左右就能痊愈，但是病毒会一直潜伏在感染者的体内。多年之后，如果各种原因导致人的免疫力下降，病毒就会再次开始活动、增殖，并导致带状疱疹。

◎水痘感染力极强

水痘病毒感染之后，会在人体内快速增殖并到达皮肤形成水痘。水痘很快就能痊愈，并且基本不会留下痘印。日本每年都有100多万人患上水痘，其中因为重症和并发症住院的有 4000 人左右。另外，每年有约 20 人因为水痘而死亡。

水痘的特点是强传染性。尤其是冬季，学生聚集在狭窄的室内，接触已经感染的同学和被污染的媒介物的风险就会大大提高，所以水痘就更容易传染扩散。

患上水痘之后，患者的一般症状都只停留在轻症。但是患有急性白血病和糖尿病性肾硬变，服用免疫抑制类药物进行治疗的孩子一旦感染水痘就可能会发展成重症，甚至死亡。

◎带状疱疹痛感强烈

水痘痊愈之后，病毒仍然会潜伏在神经细胞中，如果年龄增长、疲劳和压力等原因导致了人的免疫力低下，病毒就会再次开始活动。病毒沿神经纤维移至皮肤，就会发疹并伴随剧烈的疼痛。这就是带状疱疹，一般 2～3 周就能痊愈[1]。

皮肤上出现的疹子沿着神经呈带状分布，之后形成中间凹陷的水疱。痛感强烈是带状疱疹的一大特点，一般皮肤症状收缩之后，疼痛就会消失，但是有的人还会留下神经刺痛的后遗症。其原因在于急性发作期的炎症损伤了神经，留下了带状疱疹后遗神经痛。

◎接种疫苗可有效预防

水痘可以通过接种疫苗来预防。目前开发的水痘疫苗无论是对健康的孩子，还是患有急性白血病等处于高风险状态的孩子来说都是安全有效的。

带状疱疹治疗以抗病毒药物为核心进行，通过缓解急性期的皮肤症状和疼痛，可以缩短治疗时间，让病人更快痊愈。针对疼痛可以开具消炎镇痛的药物，或者使用神经阻滞疗法。如果儿童期接种了水痘疫苗，也可以预防之后可能出现的带状疱疹。

---

[1]　与水痘不同，水痘带状疱疹病毒不会直接以带状疱疹的形式传染给其他人。但是没有患过水痘的人，可能会以水痘的形式感染病毒。

66 人与动物都会感染的病毒——包虫和狂犬病毒

来自动物，在人畜之间自然传播的疾病，也就是人和动物都会感染的疾病，又被称为人畜共通传染病，本书提到的由各种微生物导致的传染病就属于这种传染病。

◎什么是动物源性传染病

动物源性传染病是动物携带的病原体以咬伤、抓伤、螨虫和蚊子为媒介，或者以水和土为媒介传染给人的疾病。

大多数时候，传染源是宠物和家畜等动物，但是有的野生动物也可能成为传染源。另外，病原体涉及病毒、立克次氏体、衣原体、细菌、真菌、寄生虫和感染性蛋白质等。日本以前出现过这样的事情：人感染了引起疯牛病的变异型感染性蛋白质之后，患上了克罗伊茨费尔特-雅各布病，出于这个原因日本一度停止了牛肉的进口。

本书中提到的微生物中，有很多是人畜共患病的病原体。例如，引起食物中毒的戊型肝炎（病毒）、沙门氏菌、弯曲菌（细菌）和隐孢子虫（病原虫）等都属于人畜共患病的病原体。本节我们介绍一下会引起严重症状的包虫和狂犬病毒。

◎来自日本北海道狐狸的包虫

包虫是一种以犬科动物为最终宿主的寄生虫，与绦虫属于同类。包虫虫卵混在泥土中，进入中间宿主——野老鼠的体内后，就会形成名叫多房棘球蚴的幼虫。携带这种幼虫的动物被犬科动物吃进去后，幼虫就会在犬科动物的体内形成成虫。

如果人吃进了包虫的虫卵，多房棘球蚴就会在肝脏内大量繁殖，要想去除只能通过外科手术摘除。因此北海道一直都号召人们不要抚摸野生的北海道狐狸，在野外不喝生水，接触过土和动物后要洗手。

◎日本是狂犬病例较少的狂犬病"清净国"

狂犬病是一种严重的人兽共患疾病，一旦发病死亡率基本就是100%。被携带狂犬病毒的动物，例如狗、猫以及其他的一些哺乳动物咬伤、抓伤，就可能感染狂犬病毒。

现在全世界各国基本都有狂犬病，而日本是基本没有狂犬病病例的"清净国"。狂犬病可以通过接种疫苗来预防，所以日本呼吁国民在前往外国之前，提前接种疫苗，同时法律规定家养犬必须接种预防疫苗。

以前日本国内偶尔也有狂犬病发生，但是贯彻接种预防和驱逐野狗政策以来，在1956年之后，日本再也没有出现过狂犬病病例。但是现在全世界狂犬病的防治情况仍然不容乐观，只有少数国家是国内没有狂犬病疫情的"清净国"①。目前印度经常出现狂犬

---

① 现在狂犬病"清净国"主要有英国、爱尔兰、冰岛、挪威、瑞典、澳大利亚、新西兰。

病感染者，北美也接连有报告显示从动物身上检出了狂犬病毒。

◎警惕狂犬病入境和感染

日本人对野猫和野狗等野生动物的警惕心淡薄，因此在前往国外的狂犬病流行地旅行之前，要进行预防接种，同时尽量避免随意接触野生动物。

自然环境破坏不断严重的今天，以前没有与人接触过的动物带来了新型传染病（埃博拉出血热、SARS[①]、MERS[②]），全球变暖也使得一些危险的热带传染病（登革热、疟疾等）进入了日本，另外趁着宠物热进口的野生动物也可能带来一些新的传染病。今后在和动物接触的时候，一定要注意它的危险性。

---

① SARS：重症急性呼吸综合征。
② MERS：中东呼吸综合征冠状病毒。

执笔人

序号代表执笔章节
职称以写作时间点为准
29章节为前两位作者共同执笔

[日] 青野裕幸

04 20 23 24 25 26 27 29 30 31 33

日本"播撒超级快乐"项目代表

[日] 儿玉一八

10 28 29 34 35 39 41 54 55 56 57 58 59 60 61 62 63 65

日本核能量问题信息中心理事

[日] 斋藤宏之

36

日本劳动安全卫生综合研究所首席研究员

[日] 左卷健男

01 02 03 05 06 07 08 09 11 12 13 15 16 17 18 19 37 40

日本法政大学教职课程中心教授

[日] 桝本辉树

14 38 42 43 44 45 46 47 48 49 50 51 52 53 64 66

日本千叶县立保健医疗大学讲师

[日] 横内正

21 22 32

日本长野县松本市清水中学教师